ESSAI

SUR L'EXPOSITION ET LA DIVISION MÉTHODIQUE

DE L'ÉCONOMIE RURALE.

ESSAI

SUR L'EXPOSITION ET LA DIVISION MÉTHODIQUE

DE L'ÉCONOMIE RURALE,

SUR

LA MANIERE D'ÉTUDIER CETTE SCIENCE PAR PRINCIPES,

ET

SUR LES MOYENS DE L'ÉTENDRE ET DE LA PERFECTIONNER.

PAR A. THOUIN,

Membre de l'Institut, Professeur d'Agriculture au Muséum d'Histoire Naturelle, Membre de la Société Impériale d'Agriculture de Paris, etc.

PARIS,

DE L'IMPRIMERIE DE MARCHANT, RUE DE LA HARPE.

M. DCCC. V.

ESSAI

SUR L'EXPOSITION ET LA DIVISION MÉTHODIQUE

DE L'ÉCONOMIE RURALE,*

SUR

LA MANIÈRE D'ÉTUDIER CETTE SCIENCE PAR PRINCIPES,

ET

SUR LES MOYENS DE L'ÉTENDRE ET DE LA PERFECTIONNER. **

PAR A. THOUIN.

L'INFORTUNÉ ROZIER s'étoit engagé, dans l'avis qui est en tête de son premier volume du *Cours complet d'Agriculture*, de donner, à la *fin de son Ouvrage*, un plan sur la manière d'étudier cette science par principes, et d'aprés une méthode simple; mais une mort prématurée et cruelle ne lui ayant pas permis de faire ce travail, une société d'amis de l'Agriculture, qui, presque tous, furent les siens, s'est chargée, par attachement pour sa mémoire et par amour pour les progrès de la science

* Voyez les trois tableaux synoptiques qui terminent ce Mémoire.

** Nous devons prévenir, 1°. que, pour la confection de ce travail, nous avons puisé dans toutes les sources qui nous ont été offertes, et nous les citons en masse pour éviter des citations trop multipliées; 2°. que nous recevrons avec reconnoissance toutes les observations qu'on voudra bien nous communiquer sur cet essai, afin de le corriger, de l'augmenter, et de le perfectionner, s'il en est susceptible; 3°. et enfin, que nous nous empresserons de donner aux agronomes qui voudront traiter en grand ce même sujet, tous les renseignemens qu'ils désireront, s'ils sont en notre pouvoir.

agricole, de remplir les engagemens qu'il avoit contractés avec le public. Les uns ont terminé son Dictionnaire dont un volume restoit à faire, et dans lequel se trouvent les articles Vigne et Vin, qui peuvent être regardés comme le Traité le plus complet de l'OEnologie. D'autres se sont réunis pour compléter le travail de ce savant estimable, en composant les articles oubliés dans le corps du Dictionnaire, et en ajoutant les connoissances acquises en économie rurale depuis 1781, époque à laquelle fut publié le premier volume de ce grand Ouvrage. Cette partie compose les deux volumes qui paroissent en ce moment, et en tête du premier desquels nous plaçons le plan d'étude que l'auteur avoit annoncé.

Dans ce plan d'étude, Rozier ne se proposoit de traiter que l'agriculture. Cependant cet art n'est qu'une branche de l'économie rurale; et dans le cours de son Dictionnaire, cet homme célèbre a placé un très-grand nombre d'articles qui dépendent de l'art vétérinaire, de l'architecture rurale, des arts agricoles, et enfin du commerce des produits de l'agriculture, qui ont un rapport immédiat aux autres branches de cette même science. D'après cela, nous avons cru devoir étendre le cadre de l'auteur et embrasser l'économie rurale dans son ensemble, pour que tous les articles qui composent cet Ouvrage puissent se rapporter, d'une manière convenable, aux différentes branches auxquelles ils appartiennent.

Pour remplir ce but, nous exposons dans un premier tableau synoptique, les diverses parties qui composent l'économie rurale, ses branches, ses classes, ses sections, ses genres et ses espèces, afin d'en faire connoître l'ensemble, les limites et les différentes parties qui en dépendent et la constituent.

Le second tableau offre le plan d'étude promis par Rozier.

Il est divisé en deux parties distinctes : l'une a pour objet la théorie de la science, et l'autre, la pratique ; deux choses sans la réunion desquelles on ne peut espérer d'acquérir des connoissances exactes en agriculture et se flatter d'en accélérer les progrès (1).

Nous avons choisi pour l'exposition de ce plan, la forme de tableaux, parce qu'il nous a semblé que la série des idées présentée sous un même point de vue, et d'une manière pour ainsi dire mécanique, étoit plus facile à saisir et se gravoit mieux dans la mémoire, qu'une longue suite de raisonnemens. Mais, pour remédier à la concision inséparable de ces sortes de tableaux, nous les faisons précéder ici d'un mémoire analytique, qui expliquera ce qu'ils ne peuvent qu'indiquer. Par ce double moyen, nous arriverons au but que nous nous sommes proposé.

Nous entrons en matière, en commençant par l'exposé des différentes parties qui constituent l'économie rurale.

Division de l'Economie Rurale.

Voyez le premier Tableau.

Cette science a pour but de tirer de la terre tous les produits qu'elle peut fournir, soit pour subvenir aux besoins des hommes, soit pour augmenter leurs jouissances. Elle n'est autre chose que l'ensemble des produits de la terre et les moyens d'en extraire la plus grande valeur. La terre est le

(1) Ce tableau étant devenu trop étendu pour être ployé commodément dans ce livre, a été divisé en deux tableaux, sous les n°s 2 et 3. L'un présente la théorie, et l'autre la pratique de l'Agriculture.

sujet, la science le moyen, et le produit le résultat et le but. Ses agens principaux sont le pâturage et le labourage. Le pâturage nourrit les animaux, compagnons des travaux de l'homme, et les bestiaux qui lui procurent les engrais nécessaires à la fertilisation du sol. Le labourage prépare et donne les récoltes, et tous deux sont la véritable base de la richesse des Etats. Aussi le plus grand ministre du meilleur des rois, Sully, appeloit-il le pâturage et le labourage, les deux mamelles de la France (1).

Ils sont, en effet, par leur réunion, le principe de sa conservation et de sa force; ils soutiennent son existence comme la nourriture soutient celle des individus : l'Etat éprouve un degré d'élévation ou d'abaissement, d'embonpoint ou de maigreur, si l'on peut s'exprimer ainsi, suivant que l'économie rurale éprouve de faveur ou d'indifférence.

Mais si elle fait la gloire des Etats qui l'honorent, elle fait en même temps le bien-être de ceux qui la cultivent et qui l'exercent. La terre cultivée par des mains habiles, est le plus fidèle des dépositaires, le plus scrupuleux des débiteurs. Elle est à la fois la plus abondante des mines et le plus solide de tous les biens.

L'économie rurale est donc la base de la richesse des Etats et des particuliers, et l'on ne sauroit trop s'en occuper, puisque, comme l'a très-bien dit Voltaire, *il n'y a de richesses réelles*

(1) Au pâturage et au labourage, il auroit dû ajouter : *et les plantations*. Il est étonnant que ce grand homme qui en connoissoit si bien toute l'influence sur la prospérité de l'agriculture, ait oublié de les recommander dans ses écrits, comme il les a encouragées par son exemple. Il a fait planter d'arbres les grandes routes de France, et ombrager d'ormes les places consacrées aux danses villageoises, dans la plus grande partie de la République. Ces arbres portent encore, dans beaucoup de départemens, le nom de Rosny, qui est un de ceux qu'avoit Sully.

dans un grand empire, que l'homme et la terre. Après cette digression, qu'on nous pardonnera en faveur du sujet, nous revenons à la division méthodique des différentes parties qui constituent la science dont nous venons d'esquisser rapidement le but et le mérite.

L'économie publique est fondée sur l'économie rurale, et celle-ci est le premier anneau du lien social auquel tous les autres chaînons se rapportent.

L'économie rurale se divise naturellement en cinq branches principales, savoir : 1°. l'agriculture ; 2°. l'éducation des bestiaux, celle des insectes et autres animaux utiles dans les usages domestiques ; 3°. les arts économiques ; 4°. l'architecture rurale ; 5°. et enfin, le commerce des produits agricoles.

La première branche de l'économie rurale ou l'agriculture (1) peut être divisée en quatre grandes classes, qui comprennent la culture des champs, celle des coteaux, celle des forêts et celle des jardins.

La culture des champs ou la première classe de l'agriculture, se compose de trois sections, qui comprennent, 1°. la culture des plantes alimentaires ; 2°. celle des plantes qui fournissent les fourrages propres à la nourriture des bestiaux et autres animaux utiles ; 3°. et enfin la culture des plantes qui produisent des matières premières aux arts mécaniques.

La seconde classe, que nous avons désignée sous la dénomination de *culture des coteaux*, se divise en deux sections dont la première est formée des végétaux propres à composer de *grands vergers agrestes*, et la seconde des *massifs d'arbustes*,

(1) *Voyez* l'article AGRICULTURE, tome Ier, page 252 du *Cours Complet* de ROZIER, pour la définition de cet art, et les rapports sous lesquels l'a considéré l'auteur.

Chacun de ces arbres et arbustes forme une culture particulière qui exige des moyens comme des procédés différens.

La classe qui comprend la culture des forêts offre quatre sections qui renferment les cultures des arbres et arbustes propres à composer, 1°. les clôtures ; 2°. les bordures des grands chemins ; 3°. les lisières des propriétés rurales ; 4°. les bois.

La culture des jardins formant la quatrième et dernière classe de l'agriculture, se partage en cinq sections qui se sont formées, pour ainsi dire, d'elles-mêmes, par la nature des végétaux qui les composent. La première est relative à la culture des *potagers* ou *jardins légumistes*. La deuxième réunit tout ce qui tient à la culture du *fleuriste*. La troisième embrasse celle des *pépinières*, ou *les cultures affectées à la multiplication des arbres et arbustes de pleine terre*. La quatrième a pour objet *la culture des jardins d'agrément*. La cinquième et dernière section de la classe du jardinage comprend toutes les cultures employées dans les *jardins de botanique*. Celle-ci en réunit le plus grand nombre d'espèces différentes.

La totalité de ces sections, qui sont au nombre de quatorze, a donné lieu en France à l'établissement de neuf sortes de cultivateurs, qui se partagent les quatre classes de l'agriculture. Ils sont connus sous les noms de *Laboureurs*, de *Vignerons*, de *Forestiers*, de *Pépiniéristes*, de *Maraîchers* ou *Légumistes*, de *Tailleurs d'arbres fruitiers*, de *Fleuristes*, de *Jardiniers décorateurs*, et de *Jardiniers botanistes*. Ces neuf sortes de cultivateurs se renferment pour l'ordinaire dans le genre de culture qu'ils ont entrepris ; et il ne s'en rencontre qu'un petit nombre qui, unissant des connoissances de théorie à la pratique, soient en état d'exercer, en même temps, plusieurs de ces parties avec succès.

Nous avons divisé les quatorze sections, dont nous venons de parler, en quarante-quatre séries, dont chacune réunit un certain nombre de végétaux, qui sont de même nature, qui ont les mêmes usages, et qui exigent à peu près la même culture. Ce n'est qu'au moyen de semblables divisions et de pareils groupes, qu'on parvient à soulager la mémoire, qu'on simplifie l'étude, et qu'on peut arriver plus rapidement à des connoissances exactes en agriculture.

La première de ces sections, ou celle des *plantes alimentaires*, qui fait partie de la culture des champs ou de la classe première, renferme quatre séries : la première réunit toutes les plantes *céréales*, cultivables sur le sol de la République, et qui font la base principale de la nourriture des Européens ; la seconde, les *plantes à racines nourrissantes ;* la troisième, les plantes à *semences farineuses*, qui entrent pour une partie considérable dans la nourriture des hommes ; et la quatrième, les *légumes* qui se cultivent en plein champ, et que l'on nomme vulgairement *gros légumes*, lesquels fournissent des alimens variés, aussi savoureux que nourrissans et sains.

La deuxième section de la première classe se divise en deux séries ; l'une a pour objet la formation et la culture des *pâturages*, et l'autre embrasse les diverses sortes de *prairies :* toutes deux ont pour but la nourriture des bestiaux et la multiplication des engrais, au moyen desquels on obtient de bonnes récoltes. C'est avec raison que la corne du bélier fut, chez les anciens, l'image de la Providence ou la corne d'abondance. De tous les troupeaux, le plus précieux sans doute pour le cultivateur, est celui qui fournit tout à la fois l'engrais, le lait, la viande, le cuir et la laine ; aussi, cette deuxième section, en Angleterre, auroit-elle la priorité sur la première ; parce que, dans ce pays, lorsqu'il s'agit d'établir la prééminence des alimens, la viande a le premier rang, le pain n'a que le second; tandis qu'en France c'est le contraire. Cette manière de calculer des Anglais est appropriée à la nature de leur climat, et plus encore au perfectionnement de leur agriculture. Plus un peuple a fait de progrès dans cet art, plus il l'a médité, et plus il a lieu de se convaincre que c'est à la multiplication des bestiaux, et aux soins qu'il en a pris, qu'il doit ses belles récoltes, et la possibilité de les perpétuer par le moyen des engrais. C'est le fumier qui produit le pain.

La troisième section de cette même classe, comprend quatre séries : la première renferme la culture des plantes dont les semences fournissent des huiles, ou les *oléifères;* la seconde, celle des plantes *textiles*, ou qui donnent des fibres propres à la filature; les *tinctoriales*, ou celles employées dans les teintures, composent la troisième série; enfin, la quatrième comprend les plantes qui servent dans les arts différens de ceux nommés précédemment; on les a réunies sous la dénomination de *plantes propres aux manufactures*, parce qu'elles sont en trop petit nombre pour former des groupes différens, et qu'elles offrent à peu près les mêmes procédés de culture. Cette section, inférieure en mérite aux deux précédentes, qui fournissent le pain et des mets nourrissans, est cependant très-utile, puisqu'elle procure du travail à la classe laborieuse des artisans, et leur fournit ainsi les moyens de vivre agréablement, et d'élever une famille nombreuse, qui fait la force de l'État.

Passons actuellement à la division de la première section de la seconde classe, que nous avons nommée culture des *grands vergers agrestes*, en attendant qu'on ait trouvé une dénomination

dénomination plus courte et plus caractéristique. Cette section se compose de trois séries d'arbres à fruits ; ceux qui forment la première sont *bons à manger ;* les fruits de la seconde fournissent une boisson, qui remplace le vin dans un quart de la République, et ils sont connus sous le nom de *fruits à cidre ;* enfin, la troisième série est composée de la culture des arbres dont les fruits procurent des huiles, qui remplacent le beurre dans beaucoup de pays, ou qui sont employées dans les savonneries et autres arts : ces cultures, par leurs produits, sont aussi profitables à leurs propriétaires, que propres à embellir les sites où elles sont établies, en même temps qu'elles contribuent à la salubrité du climat. Malheureusement, elles ne sont pas aussi répandues qu'elles devroient l'être en France.

La deuxième section de la deuxième classe réunit les arbustes à fruits, dont on forme des massifs de plantations, ou de grandes cultures en rase campagne ; elle se divise en deux séries assez naturelles : la première embrasse la culture des diverses espèces et variétés de vignes, dont le fruit fournit le *vin ;* et la seconde réunit les arbustes qui donnent des fruits bons à manger, soit crus, soit préparés. La culture des végétaux qui composent la première de ces séries, est une mine de richesse inépuisable, dont la nature a donné, pour ainsi dire, le privilège exclusif à la France. Mais si elle est très-importante pour la nation, fort lucrative pour les grands propriétaires, elle est en général désastreuse pour le pauvre vigneron, chargé de l'exploiter ; il reste presque toujours dans la misère, devient hâve, difforme et décrépit avant l'âge fixé par la nature. Si le jus fermenté du fruit qu'il cultive lui fait oublier ses maux, il les trouve à son réveil plus cuisans et plus aigus ; séduit par les douceurs trompeuses du remède qui lui en fait perdre l'idée pour quelque temps, continue-t-il d'y avoir recours? alors, il ajoute à ses maux tous ceux qui accompagnent et qui suivent l'usage immodéré du vin. Ce seroit un beau sujet à proposer; que celui de rechercher les causes de l'état de misère dans lequel languit cette classe précieuse de cultivateurs; et une grande question résolue, que d'avoir indiqué les moyens de la faire cesser.

Nous avons vu précédemment, que la classe qui a pour objet les forêts, se divise en quatre sections, désignées sous les dénominations de *clôtures*, de *bordures des chemins*, de *lisières de plantations*, et *de bois*. Nous allons présenter actuellement la division de ces sections en séries.

Celle des clôtures en offre trois; l'une comprend la construction et la culture des entourages des propriétés rurales, nommées *haies de défenses;* l'autre a pour objet les palissades dans les jardins; et la troisième, les brise-vents, sortes de plantations formées avec des arbres et arbustes très-rapprochés les uns des autres, et destinés à préserver les cultures du ravage des vents. On n'est pas assez généralement persuadé de l'importance des clôtures pour les progrès de l'économie rurale; cependant elles méritent toute l'attention du propriétaire de biens ruraux. Sans entrer ici dans des détails qui nous meneroient trop loin, nous nous contenterons d'observer qu'elles protègent ses cultures, les mettent à l'abri des attaques, lui assurent, par conséquent, une jouissance plus profitable et plus entière. D'ailleurs, libre de choisir ses cultures, de les varier, de s'en occuper dans le temps et les circonstances les plus favorables, sans être assujetti à suivre la routine et la marche de ses voisins, il trouve dans ses récoltes un ample dédommagement de ses soins, qui l'attache davantage à sa propriété, qui la lui fait cultiver avec plus de plaisir, et, dès lors, avec plus de succès. Ajoutons que si, dans un gouvernement despotique, les clôtures sont proscrites, sous un gouvernement républicain, elles sont encouragées et provoquées par tous les moyens qui s'accordent avec les droits inviolables de la propriété.

La deuxième section, qui comprend le choix, la plantation et la culture des arbres propres à border les chemins, se divise en trois séries, comme ces mêmes chemins sont naturellement divisés eux-mêmes, c'est-à-dire, en *vicinaux*, en *grandes routes*, et en *avenues*; à chacun d'eux sont affectées des séries d'arbres différens, et qui, par conséquent, exigent des cultures différentes. Cette partie de l'économie rurale qui, en ornant le sol de la République, procure des jouissances aux voyageurs, augmente les ressources des propriétaires et de l'Etat, est trop négligée en France, et ne peut être trop recommandée à la sollicitude des administrations auxquelles elle est confiée. En effet, après l'air de satisfaction et d'aisance que présente aux voyageurs étrangers la masse du peuple d'un Etat, rien ne leur donne une plus haute idée de la richesse du sol, de la bonté du gouvernement, et de la sagesse des administrateurs, que des routes bien entretenues et bordées de grands et beaux arbres de toutes espèces.

Les lisières de plantations, qui composent la troisième section de la classe des cultures forestières, sont des bandes de terrain qui bordent les héritages; elles se divisent en trois séries, savoir: les lisières destinées à former des *clôtures* autour des possessions; celles qui bordent les *fossés*; et enfin, celles qui sont réservées le long des *canaux* d'écoulement des eaux, ou de navigation.

Ces lisières ont pour objet de servir à former des abris pour garantir des cultures délicates ou précoces ; d'autres fois, à préserver les possessions du ravage des bestiaux ; souvent, à affermir la terre contre les efforts des eaux ; et toujours, à mettre à profit une partie de terrain consacrée, soit à la voie publique, soit au passage des eaux, et qui, sans cet emploi, existeroit en pure perte pour la végétation. Ces plantations, mises en coupes réglées, fournissent du chauffage, de la feuillée pour la nourriture des bestiaux, des rames pour les plantes à semences farineuses, des échalas pour les vignes, des perches pour le houblon, et des rameaux flexibles pour l'art du vannier.

La quatrième et dernière section des cultures forestières, comprend la série des *taillis* et des *futaies* : cette partie est une des plus essentielles au maintien d'une agriculture florissante, à l'exercice d'un grand nombre d'arts qui ne peuvent s'en passer, et enfin, à la conservation de la santé des hommes. Indépendamment des bois de chauffage que fournissent les taillis, et des bois de charpente pour les édifices et les constructions navales que produisent les futaies, celles-ci attirent les nuages, les font résoudre en pluie, et entretiennent, par ce moyen, la quantité d'eau nécessaire à la fertilité des pays dans lesquels elles sont établies ; enfin, les arbres absorbent l'air vicié, et, lorsqu'ils sont éclairés par le soleil, ils répandent une grande quantité d'air vital : c'est un des moyens, employés par la nature, pour purifier l'atmosphère et entretenir la vie des animaux.

Nous voici arrivés à la quatrième et dernière classe, qui se compose, comme nous l'avons vu, de tout ce qui tient à la culture des diverses sortes de jardins.

La première section, qui est celle des jardins *potagers* ou *légumiers*, se divise en cinq séries : la première a pour objet la culture des légumes *délicats*, qui ne peuvent croître avec succès en rase campagne, ou dont on veut hâter la végétation et bonifier les produits; dans la seconde, sont compris les *fruits légumiers*, qui sont dans le même cas que les précédens, et qui exigent dans notre climat, soit une exposition choisie, soit la chaleur des couches, augmentée souvent par celle des vitraux, pour fournir leurs produits; les *salades*, qui ont besoin d'un terrain meuble et d'arrosemens journaliers; et celles de ces plantes qu'on fait croître dans les saisons froides, forment la troisième série; la quatrième renferme toutes les plantes qui sont employées pour former des assortimens ou fournitures de salades et de mets; la cinquième se compose de tous les arbres fruitiers soumis à la taille et dont on forme des éventails, des buissons et des espaliers pour se procurer des fruits plus beaux, plus colorés et plus suaves. C'est ici que la culture devient plus compliquée, en raison du plus grand nombre de végétaux qu'elle renferme; et qu'elle demande, en même temps, plus de connoissances, puisqu'elle embrasse plusieurs opérations délicates, qui ne se rencontrent pas dans les autres classes; elle offre aussi plus d'attraits, parce qu'indépendamment de ses produits, plus considérables que ne sont ceux des autres cultures, elle fournit une variété de mets aussi salubres qu'appétissans et agréables.

La section qui renferme l'attrayante culture des fleurs, présente quatre séries différentes, que nous avons désignées sous les noms de plantes *bulbeuses* et *tubéreuses*, de *fleurs d'ornement* pour les quatre saisons de l'année, d'*arbustes d'agrément* pour les jardins de plaisance, et enfin d'*arbrisseaux apparens* pour la composition des bosquets. Les végétaux qui forment l'objet de ces diverses séries de cultures sont au nombre de plusieurs milliers d'espèces et de variétés différentes ; ils nécessitent plusieurs procédés particuliers pour le succès de leur conservation dans notre climat, pour leur culture et leur multiplication ; ils forment l'objet d'un commerce assez considérable, tant dans l'intérieur qu'à l'étranger. Ce commerce fait vivre une classe de cultivateurs laborieux et intelligens, qui conservent au milieu de la corruption des villes où ils se trouvent placés, ces goûts simples, ces mœurs douces, que maintient l'agriculture, et qu'elle inspire à ceux mêmes qui ne s'en occupent que pour leur amusement. Cette partie du jardinage est la coquetterie de l'agriculture, si je puis m'exprimer ainsi, dans toute sa parure et dans tous ses attraits.

Dans la section de la culture des pépinières se trouvent trois séries distinctes, connues sous les noms d'arbres *fruitiers*, *forestiers* et *étrangers*. Outre les moyens de culture indiqués dans les séries précédentes, celles-ci exigent l'emploi des différentes sortes de greffes, opération l'une des plus délicates de l'agriculture, des plus étonnantes, et en même temps des plus précieuses.

La section de la culture des jardins d'agrément offre trois séries qui diffèrent autant par leur objet que par leur culture, quoiqu'elles aient le même but. La première est celle des *jardins symétriques*, dont l'architecte Le Notre a donné de si beaux modèles, si mal imités depuis, et encore plus mal placés. La deuxième comprend les jardins de *genres*, desquels font partie les jardins qu'on nomme *italiens*, *chinois*, *anglais*, compositions presque toujours bisarres et souvent monstrueuses, dans lesquelles on trouve tout, excepté la Nature. La troisième est celle des *jardins paysagistes*, dont les Dufresny, sous Louis XIV, et de nos jours, les Morel, les Girardins, etc., ont développé toutes les ressources à Ermenonville, à Guiscar et ailleurs. La composition des jardins de cette espèce, ainsi que leur culture, consiste à mettre tout l'art possible pour cacher l'art. Dès que la main de l'architecte ou du jardinier se fait reconnoître, l'illusion cesse, et le charme est détruit. Au lieu d'un Eden dans tout son abandon, on n'a plus qu'une nature petite et maniérée, incapable d'inspirer cette sensibilité douce qui fait le charme de ces sortes de productions qui doivent être toutes sentimentales.

Les jardins de botanique forment la dernière section de la classe du jardinage, et cette section se divise aussi en trois séries. La première renferme les jardins affectés à la culture des plantes médicinales, tels que ceux des pharmacies et des hospices; la deuxième comprend les jardins consacrés à l'enseignement de la *botanique* dans toutes ses parties; ils sont connus sous le nom d'*écoles de botanique générale*. Les jardins des écoles Spéciales et Centrales des départemens en fournissent des exemples. Les jardins de botanique de *naturalisation* qui forment la troisième et dernière série de cette section, sont ceux dans lesquels on se propose d'acclimater des végétaux étrangers utiles ou agréables, pour les répandre dans les pays où ils sont établis. La culture de ces trois espèces de jardins a pour objet: la première, la guérison des maux qui affectent l'humanité; la deuxième, les progrès des sciences naturelles; et la troisième, la naturalisation des productions étrangères, utiles au perfectionnement de l'agriculture, des arts et du commerce.

Aux connoissances nécessaires pour l'exercice des diverses séries que nous avons précédemment indiquées, il en faut joindre plusieurs autres pour la pratique de ces trois dernières qui, d'ailleurs, nécessitent une réunion de moyens plus considérables, tels que des serres de différentes espèces, dans lesquelles il faut savoir combiner la sécheresse et l'humidité, modifier le froid, la chaleur et la lumière même, pour obtenir les résultats qu'on désire.

Cette troisième et dernière série de la culture des jardins de botanique, termine la chaîne des quarante-quatre séries qui divisent les quatorze sections des quatre classes de l'agriculture, qui, comme nous l'avons vu, est la première branche de l'économie rurale. Ainsi nous avons parcouru les diverses séries qui partagent les cultures, à commencer par celle des humbles, mais précieuses *céréales*, dont l'existence est bornée à quelques mois, en nous élevant, par degrés, jusqu'aux plus grands êtres de la nature, et dont la durée se prolonge depuis six à huit cents jusqu'à mille ans et plus. S'ils ne semblent pas offrir un but d'utilité aussi direct, ils en ont cependant de bien précieux, qui sont développés dans le cours de cet Ouvrage et de son Supplément, à leurs articles respectifs.

Il nous resteroit à indiquer actuellement les diverses *sortes de cultures* qui divisent les séries; ensuite la division de ces *sortes* en *espèces*, et ces dernières, en *variétés* de cultures différentes appropriées aux divers climats de la France. Mais nous renvoyons pour ces détails au premier des tableaux qui accompagnent ce mémoire, où ils sont exposés de maniere à être saisis facilement et sans qu'ils aient besoin d'interprétation. Nous passerons à la division des autres branches de l'économie rurale.

La deuxième ou celle qui embrasse l'éducation des bestiaux et autres animaux utiles, se divise en cinq classes. La première contient les quadrupèdes; la deuxième les oiseaux de basse-

cour,

cour, de colombier et de volière. Les poissons d'étangs et de viviers composent la troisième; la quatrième est formée des crustacées, et la cinquième des insectes. Ces classes, peu nombreuses en genres différens, n'ont pas besoin d'être divisées en sections. Aussi nous sommes-nous contentés de présenter, dans le tableau, les genres et les espèces qui les composent, d'indiquer leurs variétés pour offrir l'ensemble de cette branche intéressante de l'économie rurale, et désigner, au moyen de leur nomenclature, les titres sous lesquels on trouvera leur histoire dans cet Ouvrage. Les animaux nuisibles à l'économie rurale étant également utiles à connoître pour se procurer les moyens ou de s'en préserver, ou de les détruire, ils ont été réunis dans une colonne particulière.

Les arts économiques qui *forment la troisième* branche de l'économie rurale, se divisent en trois classes, en raison de ce qu'ils ont pour objet, les uns la nourriture des habitans des campagnes, les autres leur vêtement, et les autres enfin, leur chauffage. Chacune de ces classes se divise en sections, genres, sortes, espèces et variétés, lesquels comprennent tous les arts qui ont rapport à la conservation des *substances nourrissantes*, à *leurs préparations* pour les rendre alimentaires; *telles que la panification*, la cuisine des cultivateurs, la fromagerie, l'œnologie, la filature économique, l'exploitation des tourbières, des bois, etc. On en prendra une idée exacte en jetant les yeux sur le tableau qui présente ces divisions.

L'architecture rurale, qui forme la quatrième branche, se divise également en trois classes, lesquelles réunissent, savoir: la première, les constructions relatives à l'habitation des hommes, et des animaux domestiques. La deuxième, celles qui ont pour but la conservation des produits de la terre et des arts agricoles; et la troisième, la distribution des jardins et la construction de toutes les fabriques qui en dépendent. Chacune de ces classes offre des divisions et des subdivisions qui rassemblent par groupes les constructions dont les usages se rapprochent, et qui exigent à peu près les mêmes moyens d'exécution. Cette partie de l'économie rurale est peu avancée en France, et c'est à son imperfection qu'on doit attribuer, en partie, le retard de ses progrès, et les maladies qui affectent souvent les animaux domestiques et la classe indigente des cultivateurs.

La cinquième et dernière branche de l'économie rurale comprend trois classes distinctes. La première se compose, tant du commerce de la vente des animaux domestiques, que de celle de leurs produits; la deuxième, du commerce occasionné par la culture des végétaux en nature et de leurs produits, soit simples ou manipulés; et la troisième, de celui qui résulte des travaux faits par les agens de la culture dans les momens où ils ne sont point occupés de ceux des campagnes. Cette branche industrielle n'est guères exercée sans intermédiaire, entre le cultivateur et le consommateur, parce qu'elle exige des combinaisons et des facultés pécuniaires qui sont rarement le partage de la plus grande partie des simples cultivateurs; ce qui, d'une part, enchérit les denrées, et de l'autre, contribue à tenir le petit propriétaire dans un état de détresse dont l'établissement bien entendu de caisses de prêts, et l'instruction, sur-tout, mise à sa portée, pourroient seuls le tirer.

Telles sont les différentes parties qui constituent l'économie rurale dans son ensemble et dans ses divisions. Le premier des tableaux qui terminent ce mémoire, les présente dans tous leurs détails, et la nomenclature des objets que chacun d'eux renferme, fournira les moyens de les trouver et de consulter les articles où ils sont traités, soit dans le Dictionnaire, soit dans le Supplément.

Nous allons présenter succinctement les causes principales qui peuvent avancer ou retarder les progrès de l'économie rurale ou même l'anéantir.

Des causes agissantes sur l'Economie Rurale.

Voyez le deuxième Tableau.

Une des premières est la qualité du sol. Tout le monde sait que les terrains sont aussi variés dans leur nature que dans leurs propriétés. Les uns n'attendent que des semences pour produire et donner des récoltes abondantes : ceux-ci sont rares. Les autres veulent être aidés par des engrais et demandent des soins et des travaux assidus : c'est le plus grand nombre. Il en est d'autres qui semblent voués à la stérilité et ne peuvent être cultivés avec quelque espérance de succès, qu'au moyen de dépenses considérables et de connoissances étendues des procédés de culture qu'il convient d'employer ; cette sorte est, pour l'ordinaire, laissée inculte. On trouvera, aux articles Sol, Terre, Labour, Engrais, et Assolement *du Cours d'Agriculture*, des détails étendus sur les caractères distinctifs de ces terres, leurs propriétés particulières, et sur les moyens d'en tirer le parti le plus avantageux au produit.

La situation, le gissement des terrains, les localités, sont encore autant de causes qui, quoique secondaires, augmentent ou modifient singulièrement, toutes choses égales d'ailleurs, les produits de la culture. Un terrain est-il situé à portée d'un fleuve qui, comme le Nil, vienne chaque année le couvrir de nouveaux engrais, ou le long d'une rivière qui, par des coupures dirigées avec art, puisse l'arroser au besoin? ce terrain doublera de produits, sans augmentation de dépense pour le cultivateur. Ses exploitations sont-elles dans le voisinage des grandes villes? il aura l'avantage de se procurer des engrais abondans, une main-d'œuvre moins coûteuse, et de retirer un bénéfice plus considérable des produits de ses cultures. Mais si ses possessions se trouvent éloignées des rivières, des canaux, des grands chemins, des villes, et, par conséquent, des consommateurs, quelle que soit la fertilité de ses terres, il ne peut espérer d'en tirer un parti avantageux, qu'en leur faisant produire des denrées qui, sous un petit volume, sont d'un prix élevé, et dont la culture n'exige pas beaucoup de main-d'œuvre; ou, ce qui est plus commode encore et plus fréquemment pratiqué, il élèvera des troupeaux qui, lorsqu'ils seront dans le cas d'être vendus, pourront être conduits, à peu de frais, dans les marchés éloignés.

Une deuxième cause non moins active, est celle des climats. Il y en a cinq principaux, qui se partagent le globe, et qui forment les zônes que nous appelons *glaciale*, *froide*, *tempérée*, *chaude*, *brûlante* ou *torride*. Ces différentes zônes ont des propriétés distinctes; chacune d'elles admet des cultures particulières et se refuse à celles qui ne sont pas appropriées à sa nature. Mais, indépendamment de ces différences qui changent les systèmes d'économie rurale, chacune d'elles renferme de vastes bassins formés par des chaînes de hautes montagnes qui modifient de cent manières la température et les propriétés de la zône dans laquelle ils se trouvent placés. Si ceux-ci ne se refusent pas, en général, aux cultures de leur zône, ils exigent presque toujours des procédés différens. Enfin, le climat de chacun de ces bassins offre encore une multitude de modifications de la température et des propriétés de la zône sous laquelle ils se trouvent, en raison de l'exposition des diverses parties qui les composent, et sur-tout de leur élévation au dessus des eaux de la mer. Ces différences en apportent dans les époques des travaux de culture, souvent dans la nature des cultures elles-mêmes, et, presque toujours, dans les instrumens aratoires qu'elles exigent pour être pratiquées.

La zône la plus favorable à l'économie rurale est celle qui, également éloignée du très-grand froid et des excessives chaleurs, se trouve placée au milieu de ces deux extrêmes; c'est la zône tempérée qui, par sa position, participe des avantages des deux zônes qui l'avoisinent, sans en avoir les inconvéniens. La nature semble l'avoir destinée plus particulièrement à l'homme, puisqu'elle est la plus peuplée, la mieux cultivée; que les hommes qui l'habitent sont les plus laborieux, et en général les plus instruits. La France qui occupe à peu près le milieu de cette zône, en Europe, jouit encore plus complètement de ces avantages; ce qui a fait dire à Bolingbroke que ce beau pays ne demande qu'un gouvernement supportable, pour que ses habitans soient heureux et riches, tant la nature a fait pour lui.

Une troisième cause dont l'influence est encore plus marquée sur l'économie rurale des peuples, est celle qui résulte des systèmes du gouvernement qui les régit. Elle est telle, qu'elle peut ou anéantir tous les avantages des plus heureuses combinaisons de la nature et des arts, ou améliorer les positions les plus ingrates et les plus disgraciées.

On n'a qu'à ouvrir les fastes de l'agriculture, on y verra des exemples nombreux des maux causés par les systèmes de gouvernement. Pourquoi faut-il qu'on y en trouve si peu des biens qu'ils ont produits? En général, les systèmes qui ont pour base la liberté, limitée dans de justes bornes, et l'égalité de droits pour tous les citoyens, sont aussi favorables aux progrès de l'agriculture, et par conséquent au bonheur des hommes, que ceux qui sont dictés par le despotisme et l'arbitraire y sont opposés. Rendons cette vérité plus sensible par des exemples connus, et qu'on ne puisse révoquer en doute.

Dans les beaux jours de la république romaine, et même sous les premiers empereurs, la vaste plaine qui environnoit la capitale du monde, suffisoit, en grande partie, par les produits de ses cultures, à nourrir plus d'un million d'habitans.

Elle étoit couverte d'habitations rustiques, de maisons de plaisance, dans lesquelles les habitans de Rome venoient se délasser de leurs travaux guerriers ou politiques. Les pentes du terrain, ménagées avec intelligence, donnoient un écoulement libre aux eaux qui descendoient des montagnes voisines, et à celles qui tomboient sur la plaine. Non seulement les chemins étoient bordés de grands arbres, pour rendre la marche des voyageurs moins pénible, sous un ciel brûlant, mais chaque possession particulière offroit des groupes d'arbres fruitiers sur lesquels serpentoient des vignes dont les pampres procuroient un ombrage favorable aux cultures des céréales et des légumes qui couvroient le reste du territoire. Cette plaine étoit un des magasins de Rome, et, en même temps, l'un de ses plus magnifiques ornemens. Voyons ce qu'elle est aujourd'hui.

Toutes les habitations qui la couvroient ont disparu. Les arbres qui l'ombrageoient ont été détruits, et si complètement, qu'il n'en reste pas un seul. On n'y rencontre pas même un buisson. Un cinquième des terres de cette vaste plaine est mis successivement en culture, et encore par des mains étrangères. Ce sont des habitans de la Marche d'Ancône et des États Napolitains qui viennent, chaque année, labourer le sol, faire les semis et les récoltes. Ces travaux sont regardés, même par la classe la plus indigente de Rome, comme indignes de l'occuper. Les pentes du terrain ont été abandonnées; les eaux n'ayant plus d'écoulement, séjournent dans les parties basses, y forment des marais infects remplis d'animaux immondes. L'air est malsain une partie de l'année, et délétère pendant tout le reste, au point que les habitans de quelques faubourgs, placés sous le vent de la plaine, sont forcés de se réfugier dans l'intérieur de la ville pendant certaines saisons, pour se soustraire à des fièvres dangereuses, et souvent à la mort. En effet, et nous avons été à même de l'observer plusieurs fois, lorsqu'on regarde, vers la chute du jour, de quelques lieux élevés de Rome, la campagne qui l'avoisine, on voit distinctement un brouillard rougeâtre s'élever de son sol, former un nuage épais dans l'atmosphère, et dont l'odorat est affecté d'une manière désagréable lorsqu'il parvient jusqu'à vous. Enfin, il semble que ce pays, jadis le paradis de Rome, ait été consacré à la mort. On n'y rencontre plus que les bouches des catacombes et les débris des anciens tombeaux des Romains, qui gissent épars sur les bords des grandes routes.

Cependant cette terre n'a point changé de nature, elle est la même aujourd'hui qu'elle a toujours été : mais le gouvernement a changé, et, avec lui, tout le système politique et économique. Non seulement le gouvernement qui a succédé à la république a laissé tomber l'économie rurale, dégrader son sol, vicier le climat; mais il l'a rendu, par son insouciance, mortel pour les habitans mêmes. Mais hâtons-nous d'opposer à cette triste peinture un tableau consolant.

A l'avènement de Léopold au duché de Toscane, vers le milieu du siècle dernier, ce pays situé au centre de l'Apennin, n'offroit de terrain cultivé avec succès que dans ses étroites vallées, arrosées par des eaux abondantes, et sur les coteaux les moins rapides et les mieux exposés. La masse de la population aisée étoit réunie dans les villes, s'occupant de manufactures, de fabriques, des arts mécaniques, et quelques individus, des beaux-arts et des sciences. Celle des campagnes étoit rare, dispersée sur une grande étendue de territoire, sans industrie, sans force et sans énergie, et dans un état de misère déplorable. Les biens territoriaux avoient peu de valeur, et les revenus de l'État, malgré la gêne qu'ils occasionnoient aux peuples chargés de les acquitter, étoient très-médiocres.

Léopold étudia le système de gouvernement qui régissoit le pays qui lui étoit confié; il en reconnut les vices, et s'occupa avec ténacité des moyens de les faire disparoître. Il eut à lutter contre les corps de la noblesse et du clergé, et contre les corporations des villes, qui avoient un intérêt au maintien des abus, parce qu'ils en profitoient. Il les obligea de contribuer, en proportion de leur fortune, aux charges de l'État, et, par ce moyen, il en fit des citoyens. Il éleva au même rang les habitans des campagnes, qui, regardés jusqu'alors comme de simples ilotes, n'en étoient pas moins chargés, presque seuls, de fournir aux dépenses du gouvernement: enfin, il fit disparoître les lois réglementaires et prohibitives qui entravoient l'économie rurale et le commerce des produits de la culture. Les ordonnances et les édits rendus à cet égard, composent deux volumes *in*-4°., qui n'ont pour but que d'abroger ces gothiques lois désastreuses. Son code rural, au contraire, est renfermé dans ces deux seuls articles.

« Liberté illimitée à tous citoyens de cultiver sur leur terrain » toutes les productions qui leur conviennent, et de la manière » qu'il leur plaît.

» Et liberté limitée, seulement dans quelques circonstances » déterminées

» déterminées clairement par la loi, de vendre, à qui bon leur » semble, soit dans l'intérieur de l'Etat, soit à l'extérieur, les » produits de leur économie rurale. »

Les lois fiscales ont pour base d'établir une répartition égale des impositions entre tous les propriétaires de biens ruraux, d'après leur produit net, et après qu'il est entré dans les mains des cultivateurs.

Avec ces lois sages et quelques établissemens ruraux particuliers, la Toscane est changée de face; et, après une expérience de vingt-sept années, il a été constaté d'une manière exacte, 1°. que le terrain cultivé a plus que doublé d'étendue; 2°. que la valeur des biens ruraux s'est élevée un tiers en sus de ce qu'elle étoit précédemment; 3°. que la population s'est accrue de près d'un quart; 4°. que les revenus de l'Etat se sont bonifiés d'un sixième; 5°. que les époques des disettes se sont reculées sensiblement; 6°. que le peuple des campagnes, mieux nourri, mieux vêtu, mieux logé, jouissant d'une plus belle et d'une plus forte constitution physique, a gagné du côté du moral par l'instruction qu'il a été à portée d'acquérir; 7°. et enfin, que la consommation du produit des arts étant devenue plus considérable parmi les habitans des campagnes, les manufactures, les fabriques et le commerce intérieur s'y sont augmentés dans les mêmes proportions. De ce système simple, il en est résulté une prospérité croissante pour les habitans et le gouvernement de la Toscane.

Cette belle expérience faite à la face de l'Europe, et pendant vingt-sept ans, et malgré les grands avantages de ses résultats, a cependant trouvé peu d'imitateurs parmi les gouvernemens; elle est même sur le point d'être perdue pour le pays où elle a été faite, et où elle a produit tant de bien. Depuis la mort de Léopold, chaque année voit détruire ses institutions les plus sages, il n'en reste que des lambeaux qui n'ayant plus ni base, ni consistance, annoncent le prochain retour de tous les abus qui faisoient le malheur de ce beau pays.

Il nous seroit facile de multiplier les exemples; mais en est-il besoin pour prouver que la liberté crée, conserve et perfectionne, et que le despotisme et l'anarchie détruisent les choses et tuent les hommes?

Si après avoir considéré l'influence des systèmes des gouvernemens sur l'économie rurale et le bonheur des peuples, nous examinions celle des religions et des cultes, nous verrions qu'elle est également active, et que les résultats qu'elle produit sont bien aussi frappans; mais cet article qui, pour être traité comme il mériteroit de l'être, exigeroit des développemens, des applications, des comparaisons d'un peuple à un autre, et quelquefois d'un peuple avec lui-même, nous méneroit trop loin: il suffit de l'indiquer.

Nous passerons à l'exposé des principales connoissances qui doivent contribuer à former de bons agriculteurs.

Des connoissances utiles à l'exercice et aux progrès de l'Économie Rurale.

La première, celle qui doit servir de base à toutes les autres, est la physique ou la physiologie végétale. En effet, comment se rendre compte des effets des différens procédés et opérations de culture, si l'on ne connoît pas l'organisation végétale, sur laquelle ils ont une influence si directe? Les ouvrages de Malpighi, de Grew, de Hall, de Bonnet, de Duhamel du Monceau, de Senebier, etc., fournissent une très-grande quantité d'expériences et d'observations intéressantes qui ont été recueillies par Rozier, et insérées dans les articles de son Dictionnaire qui traitent de cette partie.

Si la connoissance de l'organisation des végétaux est nécessaire, celle de leurs diverses facultés n'est pas moins essentielle. Il faut savoir quels sont les degrés d'humidité ou de sécheresse, de chaleur ou de froid, connoître les diverses natures de terrains et d'expositions qui conviennent aux diverses espèces de végétaux, et leur susceptibilité, plus ou moins grande, de s'acclimater d'un pays dans un autre. Cette partie est le résultat d'un grand nombre de faits qui sont exposés dans cet Ouvrage, aux articles des cultures propres et particulières à chaque espèce de végétal, et qui font partie de leur description.

Il est important de connoître ensuite les agens de la végétation. On ne reconnoissoit anciennement comme tels, que la terre, l'eau, l'air et le soleil. La chimie pneumatique, en analysant ces différentes substances, a mis sur la voie pour connoître dans quelles proportions leurs diverses parties servoient à la végétation; elle a fait voir que diverses sortes de gaz et d'acides, et surtout la lumière, en étoient les agens principaux. C'est dans les savans ouvrages des Lavoisier, des Fourcroy, des Chaptal, des Guyton, des Hassenfratz, des Vauquelin, des Senebier, des Humboldt, des Decandolle et autres chimistes et physiologistes modernes, qu'on peut apprendre les propriétés particulières de chacun de ces agens. Cette étude doit être recommandée aux méditations des agronomes, comme une des plus propres à perfectionner l'agriculture.

Viennent ensuite les connoissances théoriques du second ordre, au rang desquelles on doit placer, 1°. l'histoire de l'agriculture, prise, autant qu'il est possible, à l'époque où les hommes ont commencé à se civiliser, suivie d'âge en âge, et présentée jusqu'à nos jours chez les différens peuples connus. Cette étude, en mettant à portée de suivre la marche et les progrès de l'économie rurale, fournit les moyens d'ajouter à son perfectionnement. C'est ce que Rozier a tâché d'esquisser dans son article Agriculture.

2°. La géologie ou la physique du globe, considérée principalement dans ses rapports avec l'économie rurale; tels que la formation des corps fossiles et leur décomposition, au moyen de laquelle ils deviennent propres à fertiliser les terres, et à servir d'engrais.

3°. La géographie qui fournit des connoissances non moins importantes aux progrès de la naturalisation, en indiquant les positions des différens pays, leurs climats et leurs propriétés: cette science met sur la voie pour établir des principes et faire choix des procédés les plus propres à la conservation et à la multiplication des végétaux qui nous arrivent des différentes parties de la terre, et qu'il est utile ou agréable d'introduire dans notre agriculture.

4°. L'étude des mathématiques et des sciences qui traitent de l'économie politique, afin de mettre dans nos expériences l'exactitude qu'elles exigent, et de les faire tourner au plus grand avantage de la société. Si dans les sciences exactes il est utile de porter l'esprit de méthode et de précision, c'est surtout dans l'étude et la pratique des différentes branches de l'agriculture que cet esprit devient indispensable.

5°. Et enfin, la théorie de la botanique, non pas celle qui, toute systématique, n'a pour but que de conduire à la connoissance du nom des plantes, étude trop stérile pour occuper un philosophe, mais bien celle qui a pour objet d'assigner les rapports qu'ont entr'eux les végétaux, la place qu'ils occupent dans l'enchaînement des êtres, et les groupes ou familles naturelles qui les unissent ou les séparent. Cette étude est absolument nécessaire pour connoître, d'une manière précise, le nom des plantes qui font l'objet de nos cultures. C'est au défaut de cette connoissance que beaucoup de faits en agriculture ne peuvent être utiles, et qu'un grand nombre d'ouvrages, composés d'ailleurs par des agronomes instruits, ne peuvent servir; leurs auteurs, au lieu de donner les noms reçus en botanique, n'en ayant employé que d'arbitraires, on ne sait, hors du lieu où ils ont écrit, de quels végétaux ils ont voulu parler. Cette étude ensuite n'est pas moins utile pour se diriger avec sûreté dans la multiplication par les greffes, des arbres congénères ou de même famille; pour écarter avec soin les plantes du même genre, afin d'empêcher les fécondations croisées, et de conserver dans leur pureté les races et les variétés domestiques perfectionnées par la culture; et enfin, pour soumettre à des fécondations artificielles des plantes congénères dont il importe d'obtenir des variétés plus assimilées à nos besoins ou à nos plaisirs que les espèces naturelles. Cette mine féconde, jusqu'à présent exploitée au hasard, a produit tout ce que nous avons de bon en agriculture. Combien de richesses en ce genre ne pourroit-elle pas nous procurer, si elle étoit soumise à un plan de travail raisonné!

Une autre partie non moins intéressante, mais plus circonscrite, est celle des principes de culture. Elle comprend ceux qui, abstraction faite du temps et des lieux, doivent être observés comme base fondamentale de l'agriculture.

Par principes, nous entendons la cause, l'auteur, la source, l'origine de quelque chose, et non pas des recettes, des pratiques, des opérations et des manipulations arbitraires, avec lesquelles cependant beaucoup de personnes les confondent.

Il y a des principes généraux et particuliers.

Les principes particuliers sont ceux d'où dérivent des séries de faits relatifs à une partie de la culture.

Les principes généraux sont formés d'une réunion de principes particuliers auxquels ils servent de base, et qui n'en sont que des dérivés. Les uns et les autres se rattachent aux lois de la physique végétale, à celle du globe, et aux lois immuables de la nature.

Les principes généraux se forment en autant de divisions qu'il y a de branches dans l'économie rurale. Ainsi on les distinguera en principes généraux, 1°. d'agriculture; 2°. d'éducation des bestiaux et autres animaux utiles; 3°. des arts économiques; 4°. de l'architecture rurale; 5°. et enfin, de commerce des produits agricoles.

Les principes particuliers aux cinq branches de l'économie rurale, qu'on peut nommer principes secondaires, doivent être divisés, non pas en raison des classes qui distinguent chacune des branches de l'économie rurale, parce qu'elles sont arbitraires, et faites uniquement pour soulager la mémoire, mais bien dans l'ordre naturel des matières. D'après cette base, on les divisera en principes particuliers relatifs,

1°. A la connoissance et à l'emploi des agens de la végétation;
2°. A la multiplication des plantes;
3°. Aux plantations;
4°. Aux travaux de la culture;
5°. A la taille des arbres;
6°. Aux récoltes;
7°. Et enfin, à la naturalisation des végétaux.

Ces principes en régissent d'autres d'un troisième ordre, et qui sont relatifs à chacune des parties qui composent les sept divisions qui viennent d'être indiquées. Ceux-ci ont pour but,

1°. De régler l'emploi des agens de la végétation, qui sont, l'*air*, l'*eau*, la *lumière*, la *terre*, la *chaleur* et les *gaz* ;

2°. De donner des notions exactes sur l'usage et les moyens de multiplier les végétaux par les *semences*, les *soboles*, les les *cayeux*, les *drageons*, les *œilletons*, les *racines*, les *stolones*, les *marcottes*, les *greffes*, les *écailles* et les *boutures* ;

3°. De diriger avec sûreté le cultivateur dans les plantations des végétaux *annuels*, *bisannuels*, *vivaces* et *ligneux* ;

4°. De déterminer l'emploi méthodique des différens travaux de culture, tels que les *labours*, les *défonçages*, les *binages*, les *hersages*, le *roulage* et le *sarclage* des terres ;

5°. De nous conduire avec connoissance dans les opérations de la *taille* des arbres, du *palissage*, de l'*ébourgeonnage*, de l'*élagage*, de l'*essartage* et des *tontures* de diverses espèces ;

6°. De diriger les opérations des *récoltes* de *grains*, de *fourrages*, de *racines*, de *fruits* et de *légumes* ;

7°. Et enfin, de mettre sur la voie pour la naturalisation des végétaux des zônes *glaciale*, *froide*, *tempérée*, *chaude* et *brûlante*.

A la suite de ces principes, viennent les principes relatifs aux localités où l'on cultive : ceux-ci sont immenses ; mais, pour en abréger les détails, il suffit d'observer en général les propriétés des cinq grandes zônes qui partagent la terre ; de suivre quelques généralités sur les facultés des climats de l'Europe, et de s'attacher plus particulièrement à connoître ceux de la France, en étudiant les qualités des quatre climats qui la divisent dans différentes proportions. Un agronome célèbre (Rozier) les a fort ingénieusement nommés climats du *pommier*, de la *vigne*, de l'*olivier* et de l'*oranger*. Ces dénominations ont autant d'exactitude qu'il est nécessaire pour s'entendre.

Le climat du pommier est celui où l'on cultive en grand, et pour faire du cidre, les différentes espèces de poires et de pommes, et dans lequel la vigne peut croître jusqu'à un certain point, mais jamais assez bien pour donner du vin d'une bonté et dans une proportion assez considérable pour dédommager le cultivateur de son travail et de ses dépenses.

Le climat de la vigne peut bien admettre le pommier, mais il ne recevra pas l'olivier, encore moins l'oranger.

Le climat de l'olivier admettra les vignes et le pommier, mais non l'oranger.

Enfin le climat de l'oranger peut recevoir les trois autres végétaux, mais l'oranger ne croîtra que dans le sien. Ainsi la fixation de ces limites du climat de la France ne doit pas être prise en montant, dans le sens où elle est présentée, mais dans le sens contraire, et en descendant, c'est-à-dire, que là où une culture productive s'arrête, commence le climat qui en porte le nom.

Celui de l'oranger commence aux environs de Toulon, et se termine, pour la France, à la frontière du département des Alpes-Maritimes. Celui de l'olivier s'étend, en remontant vers le nord, jusqu'à Carcassonne; là commence le climat de la vigne, qui est le plus étendu; il est limité par le climat du pommier, qui commence à environ dix myriamètres au nord de Paris, et n'a d'autres bornes que celles de la France au septentrion.

Une autre connoissance non moins importante pour le cultivateur, que celles que nous venons d'indiquer, et qui doit faire partie de la même division de principes, est celle des diverses chaînes de montagnes qui partagent la France. Ces grands abris naturels modifient, d'une manière sensible, la température des

des divers climats qu'ils traversent. Un myriamètre de distance en longueur suffit quelquefois pour donner au climat des propriétés très-différentes, en raison de ce qu'il se trouve placé au midi ou au nord d'une haute montagne. La différence est encore plus frappante lorsqu'il s'agit des divers degrés d'élévation du sol au dessus du niveau des eaux de la mer. Deux cents mètres de plus ou de moins d'élévation produisent, dans les différentes régions, des différences qui se reconnoissent aisément à la nature des végétaux qui y croissent spontanément. Des physiciens ont observé qu'à la même élévation correspondante à la hauteur de l'atmosphère, on trouvoit sur les hautes montagnes des deux hémisphères, à peu près les mêmes séries de plantes. Ainsi les végétaux pourroient, jusqu'à un certain point, servir de baromètre, et marquer l'élévation du lieu où ils se trouvent. Beaucoup d'entr'eux indiquent assez exactement, à des yeux exercés, la nature du terrain où ils croissent. Enfin, une des connoissances les plus utiles aux agriculteurs français, est celle des propriétés des bassins dans lesquels leur culture est établie.

On donne le nom de bassin à ces grands espaces de terrains qui se trouvent circonscrits par des chaînes de montagnes du premier, du second ou du troisième ordre, et qui ont été visiblement le réceptacle des eaux, à des époques où, retenues par quelques obstacles, elles ne pouvoient s'écouler vers la mer. Presque tous ces bassins sont traversés, les plus petits par des fontaines, des ruisseaux ou des torrens intermittens; ceux d'une moyenne grandeur, par des rivières navigables, et les plus grands par des fleuves majestueux. Tels sont ceux qu'ont formés le Rhône, la Seine, le Rhin, la Meuse, l'Escaut, etc. On compte environ quatorze de ces bassins dans l'étendue actuelle de la République.

Chacun d'eux, en raison de sa situation géographique, de sa position au nord ou au midi des montagnes dont il est environné, de sa pente plus ou moins rapide, plus ou moins inclinée, en raison de son sol, de la nature de son terrain, et sur-tout de son exposition à certains rumbs de vent, chacun d'eux, dis-je, a des propriétés très-différentes. Quelques unes sont connues, mais il en est un très-grand nombre qui ne sont que soupçonnées, et d'autres entièrement ignorées. La somme des expériences qui ont été faites pour parvenir à ces connoissances est fort petite, et la plupart d'entr'elles n'ont point été publiées. C'est cependant à ce grand et beau travail qu'est attaché le perfectionnement de l'agriculture française. Il est du devoir des administrateurs dans les départemens de l'entreprendre, et de le conduire à sa fin.

Telle est la série des connoissances qui nous semblent devoir servir de base fondamentale à l'étude raisonnée de l'économie rurale considérée en grand, et de l'agriculture en particulier; tels sont les moyens qui nous paroissent les plus propres à en hâter les progrès dans toutes ses branches. Mais, nous ne craignons pas de le dire, toutes ces connoissances seroient insuffisantes pour l'exercice de cet art, si l'on n'y joignoit la pratique qui en est le complément. Si la théorie peut remplacer, jusqu'à un certain point, la pratique, elle ne peut jamais la suppléer, et, s'il falloit faire un choix entre ces deux genres de connoissances, il n'est pas douteux qu'on ne dût préférer le dernier.

En se laissant conduire par la routine, on seroit sûr au moins d'obtenir des résultats utiles, tandis qu'en ne suivant uniquement que la théorie pour guide, on fait des expériences qui ne donnent souvent, et pendant long-temps, que le regret de les avoir tentées.

De la pratique de l'Agriculture.

Voyez le troisième Tableau.

La pratique de l'agriculture se compose de deux sortes de connoissances, les unes que l'on acquiert par les yeux, et les autres par l'exercice.

Dans la première sorte de ces connoissances doivent être placées, 1°. celle des outils, instrumens, ustensiles, machines, fabriques et substances employées dans les différentes espèces de cultures; 2°. ensuite celle de l'usage de chacun de ces objets, leur mérite relatif, et la manière de s'en servir ou de les employer; 3°. et enfin celle des différens procédés, recettes et manipulations employées dans les diverses sortes de cultures. Ces connoissances exigent de la mémoire, de l'intelligence et de la réflexion. Elles s'acquièrent par l'inspection des objets, par l'examen que l'on en fait, et par la lecture des ouvrages qui traitent de leurs usages; et, plus ordinairement, par l'exemple de l'emploi qu'on en voit faire à un cultivateur praticien.

Les connoissances qui s'apprennent par l'exercice sont celles qui ont pour objet les travaux de culture, dégagés de tout ce qui tient à la théorie, et restreints à ce qui est purement mécanique. Ce sont les défonçages, les labours, les semis, les binages, les arrosemens et autres travaux de cette espèce, auxquels on peut ajouter les opérations de culture, telles que les plantations, les marcottes, la taille et le palissage des arbres fruitiers, les récoltes et les greffes qui demandent seulement plus d'habileté dans les mains. Ces connoissances pratiques exigent de la jeunesse, de la santé et de la force dans ceux qui veulent les posséder toutes. Mais on ne les acquiert, jusqu'à un certain point, qu'autant qu'on est dirigé par un maître adroit, et qui a l'habitude de ces travaux et de ces opérations. Dans les campagnes, ces connoissances se communiquent par l'exemple du père aux enfans, et se propagent, pour ainsi dire, d'elles-mêmes, sans que celui qui montre en sache plus que celui qui apprend.

Mais le jardinage étant plus étendu dans le nombre de ses cultures, et dans les procédés qu'elles exigent, il s'est formé naturellement des écoles pratiques dans cette partie, où beaucoup de jeunes jardiniers, après avoir appris sous leurs pères les premiers élémens de leur art, vont se perfectionner. Presque tous voyagent dans différens cantons, et travaillent dans de grands jardins, sous des maîtres qui ont acquis de l'expérience par un long exercice. Les jardins potagers de Versailles, plantés par Laquintinie, et où sa pratique a continué d'être suivie et s'est perfectionnée; ceux de Trianon, dirigés par Richard, le premier jardinier botaniste de son temps; ceux de Choisy, de Chantilly, de Brunoy; les cultures d'arbres à fruits de Montreuil; les pépinières de Vitry, et, à Paris, celles des Chartreux, les jardins du Muséum, ceux de Tivoli, de l'hôtel de Biron, de plusieurs fleuristes, etc., étoient ou sont encore les écoles pratiques les plus fréquentées par les élèves jardiniers pour les divers genres de jardinage. Aussi cette partie de l'agriculture est-elle plus avancée en France que les autres, par la raison qu'il y a des maîtres qui l'enseignent et des élèves qui l'étudient.

En Belgique, en Angleterre, en Alsace et dans quelques parties de l'Allemagne, il n'est pas rare de voir les fils de propriétaires de biens ruraux et de fermiers aisés, suivre la même marche que ceux des jardiniers français. Ils vont terminer leur apprentissage chez des praticiens consommés, ou voyagent dans différens pays pour augmenter la somme de leurs connoissances. C'est, en grande partie, à cet usage qu'est dû le perfectionnement des différentes branches de l'économie rurale dans ces divers pays. Ainsi, il en est de cette science comme de toutes les autres, ce n'est qu'autant qu'on s'est occupé de la théorie et de la pratique, qu'on peut se flatter de la savoir, et ce n'est que par l'étude des principes fondés sur la physique générale, sur la connoissance de l'organisation végétale et des agens de la végétation, qu'on peut espérer de la perfectionner.

Mais il se présente naturellement ici une réflexion qui pourroit jeter le découragement parmi ceux qui seroient tentés de l'étudier dans son ensemble et ses différentes parties; c'est, d'une part, la grande étendue de cette science, et, de l'autre, la multitude de connoissances qu'elle exige pour l'exercer, et sur-tout pour la perfectionner. La vie d'un homme paroît à peine assez longue pour les acquérir, et jamais l'intelligence des habitans des campagnes ne pourra les embrasser. Quelques personnes superficielles en concluront qu'il faut s'en tenir à l'ancienne routine, et ne pas entreprendre une étude, au moins très-difficile, pour ne pas dire impossible à suivre dans toutes ses parties. Elles s'appuieront de l'autorité des agriculteurs de cabinet qui ont dit, et ne cessent de répéter dans leurs écrits, que les cultivateurs des campagnes ne sont que des machines mues par l'exemple, et incapables de faire autre chose que ce qu'ils ont vu pratiquer. S'ils n'entendent parler que des ouvriers qui exécutent simplement les travaux de l'agriculture; cette assertion pourra être vraie jusqu'à un certain point, mais elle ne le sera pas à l'égard de ceux qui dirigent des exploitations rurales de quelque étendue. De tels hommes ont nécessairement un grand nombre de faits acquis par la pratique, qui les guident dans leurs opérations de culture; et quoiqu'ils ne puissent pas ordinairement les lier ensemble pour en déduire une théorie raisonnée, ils n'en ont pas moins l'intime conviction que ce qu'ils font est bon et avantageux.

Je sais bien que si vous demandez à beaucoup de cultivateurs des campagnes : Pourquoi faites-vous ainsi telle opération? la plupart vous répondront : nos pères ont fait ainsi; nous suivons leur exemple. Mais je sais aussi, et j'en ai souvent acquis la preuve, qu'un assez grand nombre vous donneront des motifs plus ou moins bien fondés de leurs opérations. Les vignerons, les forestiers, les tailleurs d'arbres fruitiers, et sur-tout les jardiniers, vous diront également la raison de leur manière d'opérer. Beaucoup de ces raisons sont mauvaises, sans doute, parce qu'elles sont, pour l'ordinaire, en contradiction avec les lois de la physique et de la physiologie végétale; mais enfin ils les ont ou retenues de leurs maîtres, ou apprises eux-mêmes par l'observation. Ils ont donc, comme tous les autres hommes, la faculté d'observer et de combiner des idées, et d'en tirer des conséquences plus ou moins exactes.

Il n'est pas possible, sans doute, de faire des savans de tous les cultivateurs, et il n'est pas, à beaucoup près, nécessaire qu'ils le soient; mais ils doivent tous avoir les connoissances que comportent leurs fonctions respectives. Les agriculteurs, en général, peuvent se diviser en trois classes : celle des grands propriétaires qui cultivent eux-mêmes, et des fermiers qui dirigent une grande exploitation; celle des propriétaires et des fermiers d'une étendue de terre moins considérable, et celle des journaliers et des petits cultivateurs. Chacune de ces classes doit avoir des connoissances plus ou moins étendues; et l'instruction doit être, par conséquent, très-différente. Nous allons indiquer celle qui convient à chacune, et les moyens de la répandre. Nous commencerons par la classe la plus nombreuse.

Des moyens de répandre les connoissances agricoles et de les perfectionner.

On sait avec quelle facilité les enfans des plus simples villageois apprennent une infinité de choses qu'ils ne peuvent comprendre, et qu'ils ne comprendront jamais, et qui ne servent le plus souvent qu'à leur rendre le jugement faux. Au lieu de les charger ainsi de provisions, tout au moins inutiles, pourquoi ne leur feroit-on pas connoître, dès leur enfance, tous les objets d'économie rurale et domestique qu'ils peuvent voir et toucher, tels que les outils, les instrumens, les substances, les machines, les végétaux et les animaux qui sont du domaine de l'agriculture? A cet âge, tout ce qui tombe sous les sens frappe et se retient toute la vie. En même temps, pour exercer leur mémoire et développer leurs facultés intellectuelles, on pourroit leur donner les élémens de la lecture, de l'écriture, et leur faire apprendre par cœur un catéchisme raisonné d'économie rurale. Cet ouvrage, très-difficile à exécuter, et qui manque absolument, devroit être basé sur les principes de la saine physique, ne contenir que des faits démontrés, et aucune proposition abstraite. Ils l'apprendroient d'abord sans le comprendre; mais à mesure qu'ils avanceroient en âge, ils trouveroient à faire l'application de ces principes qui, commentés avec discernement dans des ouvrages à leur portée, sous la forme d'almanachs, leur donneroient des connoissances exactes et durables sur l'objet le plus essentiel à leur existence et à leur bonheur.

Un catéchisme et des almanachs, voilà les moyens d'instruction qui conviennent aux journaliers et aux petits cultivateurs des campagnes, qui forment la dernière classe des agriculteurs.

A ceux de la seconde, donnez des livres de pratique, basés sur la théorie la plus exacte ; mais ayez pour les cultivateurs de la première classe des livres de théorie, fondés sur un très-grand nombre de faits, puisés dans la pratique de l'agriculture de toutes les parties du monde, dans la physiologie végétale, dans la chimie pneumatique et dans la physique générale.

Les agronomes qui voudront posséder toutes les branches de l'économie rurale, devront avoir, en outre, des connoissances de botanique, de mathématiques, de géographie, de géologie, de la science agricole, de la législation rurale et de l'économie politique. Voilà pour les savans.

On voit donc que, quelque étendue que soit cette science, quelle que soit la multitude de connoissances qu'elle exige, il n'est rien moins qu'impossible d'en répandre les résultats dans les campagnes.

Mais, pour faire marcher d'un pas égal la théorie et la pratique, compléter le perfectionnement de la science, la maintenir dans un état prospère, et lui faire faire des progrès rapides, il conviendroit d'établir autant de fermes expérimentales qu'il existe de bassins naturels sur le sol de la France, ou tout au moins, quatre principales, qui seroient placées vers le centre de chacun des quatre climats qui divisent le territoire de la République.

Ces fermes, ou plutôt ces écoles de pratiques et d'expériences, dont l'étendue, la division, la variété des sites et l'organisation doivent être en rapport exact avec l'objet auquel elles sont destinées, devroient être dirigées par des hommes de la chose, par de bons praticiens dans les différentes branches de l'économie rurale, et qui réuniroient à la faculté d'exprimer clairement leurs

leurs idées de vive voix, celle de les rendre avec méthode par écrit.

Ils auroient sous eux des hommes intelligens, habiles dans chacun des genres d'exploitation, lesquels seroient chargés de conduire les ateliers de toute espèce, de surveiller les travaux, d'indiquer aux ouvriers le meilleur emploi du temps et de leurs forces, et de développer ainsi leur intelligence. Pour exécuter les cultures et les différens travaux, on prendroit des *enfans de la patrie*, des deux sexes, avec lesquels seroient admis, sous *certaines conditions*, les enfans des particuliers qui voudroient les faire instruire dans la pratique de l'agriculture, et les rendre propres à devenir de bons fermiers d'exploitations rurales.

Ces espèces de séminaires formeroient des souches de familles agricoles qui, répandues sur le territoire français, y donneroient l'exemple de cultures perfectionnées, et rendroient à l'agriculture la population que le luxe des villes lui enlève chaque année.

Comme il n'est pas moins essentiel d'introduire de nouvelles cultures, que de perfectionner celles déjà établies, afin d'employer, *le plus utilement possible*, la variété considérable de climats, de sites et de sols qui existent sur le territoire de la République, il seroit formé, à cet effet, un corps de voyageurs; les membres en seroient choisis parmi les jeunes agriculteurs connoissant les animaux, les végétaux, et qui seroient familiers avec la pratique et la théorie de cette science; leurs fonctions seroient de parcourir, soit seuls, soit plusieurs ensemble, les différentes parties de la France, ensuite celles de l'Europe, et enfin les diverses parties du monde, analogues à la température des climats de l'Empire français. Ces voyages auroient pour but de recueillir des observations exactes, 1°. sur les différens systèmes d'économie rurale adoptés par les différens peuples, et les principes sur lesquels ils sont fondés; 2°. sur les genres, les pratiques, les procédés, les recettes, les manipulations de culture et d'opérations y relatives, qui sont établis dans divers pays; 3°. de se procurer et d'envoyer en France les végétaux, les animaux, les outils, les ustensiles, les machines et les instrumens perfectionnés, servant dans l'économie rurale, et qui sont inconnus aux agriculteurs français.

Et enfin, pour coordonner toutes les parties de ce grand ensemble, les lier et les faire concourir au même but, qui est l'instruction des cultivateurs, et les progrès de la science dans toutes ses branches, il seroit nécessaire d'établir un bureau central d'économie rurale; il pourroit être divisé en cinq sections, comme l'est elle-même la science dont il s'occuperoit. Mais, comme les branches de l'économie rurale sont plus ou moins étendues, qu'elles renferment une plus ou moins grande quantité de matières, et qu'elles ont divers degrés d'importance, il seroit convenable que ces sections fussent formées d'un nombre inégal de membres.

La première branche de l'économie rurale, qui est celle de l'agriculture, pourroit former une section composée de sept personnes, savoir : 1°. deux praticiens de la grande culture, et un de la petite; 2°. d'un praticien du jardinage dans ses différentes parties; 3°. d'un forestier; 4°. d'un botaniste physiologiste, et 5°. d'un chimiste pneumaticien, à qui l'agronomie ne seroit pas étrangère.

La seconde section pourroit être composée de cinq membres, savoir : de trois vétérinaires, et de deux zoologistes, habiles dans l'éducation des vers à soie, des abeilles, des poissons, et qui se partageroient toutes les parties qui composent la seconde branche de l'économie rurale.

Celle des arts économiques n'a besoin d'être formée que de trois artistes, auxquels les arts de ce genre seroient familiers, et qui auroient quelques connoissances de l'économie domestique.

La section d'architecture rurale pourroit se composer d'un architecte des constructions rurales, d'un autre d'architecture relative au jardinage, et d'un ingénieur des ponts, chaussées et canaux.

La cinquième et dernière branche de l'économie rurale devroit former une section de trois membres, qui réuniroit des hommes habiles dans la législation rurale, la statistique et l'économie politique.

A ce bureau central d'économie rurale devroient être attachés trois secrétaires, l'un, possédant les langues anciennes, et les deux autres les langues modernes des différens peuples de l'Europe.

Une bibliothèque, composée de tous les livres anciens et modernes, étrangers et nationaux, seroit indispensable à cet établissement; et les trois secrétaires en seroient les bibliothécaires.

Enfin, pour compléter ce grand établissement, il seroit utile d'y annexer une galerie propre à recevoir une collection de tous les outils, ustensiles, instrumens, machines, modèles de fabriques, plans d'exploitations rurales, et substances employées dans l'économie rurale des différens peuples, en même temps que des échantillons susceptibles de se conserver, de tous les produits de la terre, préparés de la manière dont ils le sont lorsqu'ils sortent des mains du cultivateur pour passer dans celles du consommateur ou du fabricant.

Mais, attendu qu'il ne pourroit résulter d'avantages réels

d'un établissement semblable, qu'autant que les membres dont il seroit composé seroient laborieux, actifs et éclairés, et qu'une expérience manquée en ce genre reculeroit, peut-être de plusieurs siècles, l'avantage qu'on auroit pu en retirer, il seroit nécessaire que son organisation première fût basée sur la connoissance intime du mérite de ceux qui seroient admis dans cette composition; ils devroient être choisis sur leurs travaux, appuyés d'une pratique long-temps exercée, et sur leurs écrits, publiés depuis au moins une année révolue. Le jury naturel d'un tel choix seroit pris dans les classes de physique et de mathématiques, et dans celle des beaux-arts de l'Institut national.

Le choix organique une fois fait, ce corps se recruteroit de lui-même, au moyen de concours établis parmi les fonctionnaires subalternes qui, en raison de leur mérite, constaté par des examens périodiques, pourroient arriver des dernières places jusqu'aux premières; mais toutefois sans exclure les étrangers à l'établissement, qui auroient un mérite supérieur aux élèves, afin d'exciter l'émulation, et de remplir les places par le mérite le plus distingué.

Les fonctions des membres de ce bureau seroient 1°. de recueillir toutes les connoissances acquises en économie rurale dans tous les temps et dans tous les lieux; 2°. d'établir et de suivre des séries d'expériences dans toutes les branches de cette science, pour en reculer les limites; 3°. et enfin, de répandre les principes agronomiques, et de les mettre à la portée de toutes les classes de cultivateurs.

Pour arriver à ce but, l'une des premières choses qu'il auroit à faire seroit le Dictionnaire raisonné d'économie rurale, afin de fixer la langue de cette science, qui n'existe qu'éparse dans un grand nombre d'ouvrages, et qui est aussi vague que diffuse, inexacte et incomplète. Pour cet effet, il conviendroit de rechercher tous les mots qui expriment des idées, tous les noms des êtres du domaine de l'économie rurale, ceux des travaux, des ustensiles, et autres objets appartenant à cette science; de les rectifier, s'il en étoit besoin, de les augmenter et perfectionner, d'indiquer leurs origines, leurs dérivés, leur signification, leurs diverses acceptions, leurs synonymes latins, et, à défaut de synonymes déjà faits, d'en établir de nouveaux, qui pussent être adoptés par toutes les nations européennes, et composer une langue à la manière de celle de l'histoire naturelle, de la chimie, etc. (1).

L'ouvrage le plus étendu en ce genre, et dans lequel on

(1) Les noms des blés, des fourrages, des légumes, des plantes économiques et des arbres fruitiers, qui sont les principaux objets de l'agriculture, sont si peu fixés que, non seulement ils ne présentent pas les mêmes idées aux plus savans agronomes de l'Europe, mais qu'ils ne sont pas même entendus de la même manière, ni appliqués aux mêmes objets, dans la même province, dans le même canton et dans le même village.

Les noms des travaux, des opérations, des pratiques, des manipulations de culture; ceux des outils, des instrumens, machines, fabriques, ustensiles et substances qui servent journellement dans l'exercice de l'agriculture, sont encore à établir d'une manière uniforme.

Enfin, il n'est pas même jusqu'aux termes des choses fondamentales de la science, tels que races, sous-variétés, variétés, espèces, genres, familles, principes, etc., qui ne soient pris, par des écrivains agronomes, sous des acceptions non seulement différentes, mais souvent opposées.

Cependant, le sens de presque tous ces termes est fixé dans plusieurs langues de l'Europe par des autorités d'autant plus respectables, que leurs auteurs l'ont établi sur les bases d'une saine logique, et sur l'observation de la nature. Mais ces définitions étant éparses dans un grand nombre d'ouvrages, la plupart écrits en langues étrangères, ne sont connues que d'un petit nombre d'agronomes français. Cette confusion dans les mots en met dans les idées, et retarde nécessairement les progrès de l'art. Faire cesser cette confusion, seroit un grand acheminement vers le perfectionnement de l'économie rurale.

trouve de très-grandes ressources, est sans contredit le Cours complet d'Agriculture de Rozier. Cependant, il s'en faut de beaucoup qu'il réunisse tout ce qu'il faut savoir, et que les articles qu'il renferme y soient traités avec la méthode et la précision qui conviennent à un livre classique.

Le deuxième travail que devroit entreprendre le bureau d'agriculture, seroit celui de rassembler tous les faits connus en économie rurale, et sur-tout en agriculture où ils sont très-nombreux, de les constater par des expériences multipliées, de les réunir par séries, et d'en déduire des conséquences d'où résultent les principes de la science agricole. Il en est plusieurs qui déjà sont avoués de tous les agronomes; d'autres ne sont que soupçonnés, et il est très-probable qu'il en existe un plus grand nombre qui sont inconnus. Or, s'il est vrai, comme on ne peut en douter, que la découverte d'un principe bien avéré soit préférable à celle de cent faits isolés, quel avantage ne résulteroit-il pas de ce travail pour les progrès de l'économie rurale (1)?

(1) Il ne faut pas croire que l'économie rurale, en général, et l'agriculture, en particulier, ne consistent que dans des faits; qu'elles sont, l'une et l'autre, fort différentes des autres sciences; que même, elles ne sont pas une science, mais tout au plus un art mécanique qui n'a ni base, ni principes certains; qu'elles sont renfermées dans des pratiques, des procédés, des recettes, des manipulations et des travaux, utiles seulement dans les lieux où ils sont établis, et qui doivent changer en raison des climats, des situations, des localités, des terrains, des expositions, des années, des saisons, etc. Tous ces propos, pour avoir été souvent répétés, n'en sont ni plus exacts, ni plus vrais. Sans doute, toutes ces différences nécessitent des modifications dans l'application des principes, mais ne les changent pas.

Quels que soient les latitudes, les terrains, il n'est pas moins reconnu que pour les cultures des plantes économiques, les semis ne doivent être précédés de labours; que l'époque la plus favorable à la levée des graines ne soit celle où la terre, suffisamment imbibée par les eaux, commence à entrer en fermentation; que l'humidité et la chaleur contribuent à la germination des graines et à l'accroissement des végétaux; que la sécheresse chaude accélère la maturité des récoltes; que les plantations réussissent

Une chose non moins utile seroit d'établir un mode de description pour toutes les cultures de végétaux employés dans l'économie rurale, pour toutes les opérations, pour tous les travaux. Ce mode devroit être simple, concis, méthodique, et porter sur des bases essentielles. On négligeroit les détails inutiles aux cultivateurs qui possèdent les élémens de leur art, et insuffisans pour ceux qui n'ont pas les premières notions de la culture. Il résulteroit d'un travail aussi complet que possible, sur cette partie, de grands avantages.

Le premier seroit de réunir, par ordre de matières, toutes les connoissances acquises en économie rurale, de les distribuer par branches, par classes, par sections, etc., comme la science elle-même est divisée.

d'autant mieux, que les arbres sont arrachés avec plus de soin, que les racines sont mieux conservées, restent moins long-temps exposées à l'air, et que le temps où la plantation est faite, est suivi d'une humidité chaude. Ensuite, que tous les végétaux ligneux, à couches concentriques, peuvent se propager de boutures, et, à plus forte raison, de marcottes; que la voie de multiplication par les greffes peut être employée avec succès pour propager des variétés de même espèce, des espèces de même genre, et souvent des genres de même famille. Si quelques anomalies paroissent faire des exceptions à ces principes, elles ne doivent pas empêcher de les admettre, parce que, la plupart d'entr'elles n'ayant pas été constatées par des expériences irrécusables, leur existence n'est rien moins que prouvée.

Ces principes généraux en régissent d'autres du deuxième et du troisième ordre qui ne sont pas moins certains, et qui peuvent être appliqués aux diverses sortes de cultures, sous toutes les zônes de la terre, dans tous les climats et dans tous les terrains, avec les modifications convenables à l'application.

Ainsi l'agriculture qui est fondée sur l'expérience et la physiologie végétale, qui a ses bases, ses principes, ses divisions, et dont la pratique raisonnée exige quelquefois un si grand nombre de combinaisons intelligentes, est véritablement une science, et une science qu'on doit être d'autant plus jaloux d'acquérir, qu'en nourrissant les hommes, elle fournit à la plus grande partie de leurs autres besoins, et leur procure les plus douces jouissances.

Le deuxième, de rendre à peu près inutile la plus grande partie des livres d'économie rurale qui remplissent les bibliothèques. Le nombre de ceux qui ont paru en Europe, depuis le quatorzième siècle, est énorme. La plupart ne sont que des compilations indigestes, des recueils d'erreurs, ou des répétitions de ce qu'avoient dit les anciens, souvent défigurés faute de les entendre. Y trouve-t-on quelques faits? ils sont vaguement énoncés, souvent faux, et presque toujours dénués de cette théorie qui doit être appuyée sur des principes exacts. On diminueroit, par ce moyen, une dépense très-considérable, et l'on faciliteroit d'autant l'instruction publique dans cette intéressante partie des connoissances humaines.

Le troisième enfin, seroit de présenter dans un petit nombre de volumes, sous une forme méthodique, et dans un style concis, toutes les connoissances exactes qu'il importe de savoir. Un ouvrage de ce genre, rédigé à l'instar de ceux qui ont été composés pour l'étude de la botanique, de la zoologie, de la chimie, et de quelques autres sciences, feroit avancer rapidement celle de l'agriculture.

A ces obligations imposées au bureau d'économie rurale, on devroit ajouter celle de faire des cours publics, divisés en autant de parties qu'il y auroit de membres dans sa composition. Pour donner à ces cours toute l'utilité dont ils pourroient être susceptibles, il conviendroit qu'on parlât autant aux yeux des auditeurs qu'à leur entendement, parce que les connoissances qui s'acquièrent par plusieurs sens à la fois, sont plus exactes et plus durables. Ainsi, les leçons seroient accompagnées de la démonstration des objets qui en feroient la matière, autant qu'ils en seroient susceptibles. Les élèves praticiens qui se seroient distingués dans les fermes expérimentales distribuées

dans

dans les diverses parties de l'Empire, seroient appelés à suivre ces cours pour compléter leur éducation, en réunissant les connoissances de la pratique à celles de la théorie. Alors ils deviendroient propres à entrer dans le corps de voyageurs chargés de recueillir les objets et les connoissances utiles aux progrès de la science économique.

Le bureau central entretiendroit, en outre, une correspondance active, mais libre, officieuse et amicale, avec les chefs des grandes pépinières privées, communales, départementales et nationales; avec les administrations des grands jardins économiques, de naturalisation de végétaux, et d'agrémens dans tous les genres; avec les sociétés d'agriculture, des arts économiques, vétérinaires, et autres qui sont du domaine de l'économie rurale et domestique, tant dans l'intérieur de la République, qu'à l'extérieur, en Europe et dans toutes les autres parties du monde.

Cette correspondance auroit pour objet de faire connoître réciproquement tous les faits nouveaux en économie rurale, utiles aux progrès de la science, qui auroient été observés et reconnus dans chaque endroit; d'échanger les semences de végétaux nouvellement introduits ou peu connus en agriculture; de transmettre et de recevoir des modèles d'outils, d'ustensiles et instrumens; des dessins de machines et de fabriques qui servent dans les différentes branches de l'économie rurale, soit que ces choses fussent nouvellement inventées, soit qu'elles fussent seulement perfectionnées. Par ce moyen, les connoissances se trouveroient promptement répandues sur tous les points, et l'on auroit des résultats d'expériences entreprises en même temps dans différens climats, dans des sols très-variés, par un grand nombre de procédés différens, et par conséquent des données exactes, que, dans l'état des choses actuelles, on ne peut acquérir qu'au bout d'un grand nombre d'années.

Les bornes de cet article ne nous permettent pas d'entrer dans de plus grands détails sur l'organisation de cet établissement. Il est d'ailleurs facile de les suppléer ainsi que d'imaginer tous les avantages qui pourroient en résulter pour les progrès d'une des sciences les plus utiles à la splendeur de l'Etat, et au bonheur des individus. Nous ajouterons seulement que les membres d'un tel établissement ne pourront opérer de bien qu'autant qu'ils mériteront, par leur travail, la confiance des agriculteurs, en ne leur présentant que des vérités fondées sur des expériences exactes. Ceux-ci ont été si souvent et si cruellement trompés par les faiseurs de livres, qu'ils sont devenus incrédules, méfians et disposés à rejeter toutes les nouveautés qu'on leur propose. Pour les faire admettre, ils n'emploiront que la voie de l'exemple et la persuasion. Si jamais ils recouroient à l'autorité pour opérer même le bien, ils deviendroient le fléau de l'agriculture au lieu d'en être les bienfaiteurs. Dans les changemens de ce genre, la force de la puissance est dans les encouragemens, et sur-tout dans l'exemple.

Examinons actuellement quelles seroient les dépenses nécessaires pour l'exécution de ce projet, et, pour cela, établissons les objets dont il auroit besoin. Il faudroit à cet établissement :

1°. Quatorze fermes situées dans chacun des bassins naturels qui divisent le territoire français, et dont l'étendue de chacune seroit au moins de cinq cents arpens, composés de terrains variés dans leurs sols et leur situation.

2°. Un terrain de cent cinquante à deux cents arpens, situé dans la partie la plus méridionale de la France, et offrant des expositions et des sols de différentes natures, pour la naturalisation des végétaux et des animaux des Tropiques, qui peuvent être utiles aux progrès de l'économie rurale.

3°. Une portion de chaîne de hautes montagnes couronnées par des glaces permanentes, pour y acclimater les animaux et les végétaux des hautes Cordillières, du plateau de la grande Tartarie et du voisinage des poles, tels, parmi les animaux, les lamas, les vigognes, les bisons, les condor, etc.; et, parmi les végétaux, les pins du Chili et autres arbres à mâtures, ainsi que les plantes utiles qui croissent dans ces positions sous toutes les zônes de la terre.

4°. Une maison avec le local nécessaire pour l'installation du bureau central. Cet objet seroit situé à peu de distance des faubourgs de la capitale.

A ces dépenses premières d'acquisition, doivent être ajoutées celles nécessaires,

1°. Pour faire les dispositions, distributions et préparations de terrains; pour former les plantations, les clôtures, les constructions de fabriques, pour les meubler et les rendre propres à loger les hommes, retirer les animaux et serrer les produits des exploitations;

2°. Pour se procurer des races variées et perfectionnées des animaux domestiques et de ceux qu'on peut amener à l'état de domesticité, ainsi que les plants et les semences nécessaires aux plantations, clôtures et ensemencemens de terrains;

3°. Pour acheter les outils, ustensiles, instrumens, machines, voitures et substances indispensables à l'exploitation de tous les établissemens ruraux, y compris l'installation des agens de la culture et celle des élèves;

4°. Et enfin, pour payer les appointemens de toutes les personnes attachées à ce grand établissement, mais pour une année seulement, par la raison que nous indiquerons ci-après.

Nous estimons que toutes ces dépenses réunies pourroient s'élever à dix millions, mais n'iroient pas au delà. Cette somme est très-considérable, sans doute, et pourroit, au premier coup d'œil, faire ajourner pour long-temps l'exécution de ce projet, si même elle ne le faisoit rejeter : mais si l'on considère qu'il est peu de dépenses aussi utiles et susceptibles de produire un aussi haut intérêt ; qu'il est de l'honneur national de rendre notre agriculture, sinon supérieure à celle de plusieurs peuples voisins, moins favorisés que nous par la nature, du moins aussi florissante ; et qu'un gouvernement éclairé, sensible à toutes les sortes de gloire, ne négligera pas celle qui fait la base de toutes les autres et en assure la durée, nous ne devons pas désespérer de voir un jour ce projet réalisé.

Indépendamment de ces considérations générales, il en est de particulières, qui concourent également à faire adopter ce projet : il suffira de les indiquer.

1°. Ces terrains, cultivés par des mains habiles, accroîtront le domaine national de propriétés qui augmenteront et doubleront de valeur *en peu d'années* ; ce qui d'abord donne un gage assuré des dépenses qu'elles occasionneront, et, ensuite, ôte toute inquiétude sur le fonds d'avance : c'est un prêt fait à l'agriculture, qu'elle remboursera avec usure ;

2°. Ces dépenses seront une fois faites pour n'y plus revenir, parce que la vente des produits des cultures de tous les genres, celle des élèves de races perfectionnées, provenant de la multiplication des animaux domestiques, et enfin de tout ce qui sortira de ces fermes, sera suffisante, non seulement pour faire face aux dépenses de toute espèce, relatives à l'ensemble de l'établissement, mais même fournira les moyens de faire des bonifications en défrichemens, dessèchemens et plantations de domaines nationaux (1);

3°. Cet établissement diminuera les dépenses de l'Etat, en le déchargeant d'un grand nombre d'enfans orphelins qui, élevés dans ces fermes, deviendront des hommes utiles, en restituant

(1) De toutes les manières de propager les objets d'économie rurale, celle de la vente aux enchères est la plus propre à les multiplier et à les conserver. L'expérience a prouvé que les animaux et les végétaux répandus par la munificence royale, sous l'ancien régime, n'ont été d'aucun profit pour l'agriculture, et le plus souvent pour ceux mêmes auxquels ils étoient donnés, tandis que les animaux vendus chèrement sous les gouvernemens directorial et consulaire, ont été très-avantageux aux agriculteurs, et, par conséquent, aux progrès de l'agriculture. La raison en est simple; on attache, en général, moins de prix aux choses données qu'à celles qui ont coûté de l'argent. D'ailleurs, les hommes qui obtiennent de la faveur, sont rarement des agriculteurs de profession. Ils sont donc obligés de se reposer sur des mercenaires, du soin de faire prospérer les fruits de leurs sollicitations, et il est aisé d'apprécier la valeur de ces soins, sur-tout en agriculture; au lieu que le propriétaire qui achète est presque toujours le directeur ou le premier moteur de son exploitation. Les ventes de Rambouillet ont prouvé que la plus grande partie des acquéreurs, en ce genre, sont, ou des propriétaires qui font eux-mêmes valoir leurs biens, ou des fermiers qui veulent améliorer leurs troupeaux. Les uns et les autres prennent alors d'autant plus de soin des objets par eux acquis, qu'ils leur ont coûté plus cher.

Une autre considération purement morale, c'est qu'il n'est pas juste de donner à quelques uns ce qui a été acquis aux dépens de tous, et ce qui est la propriété commune de tous les contribuables. Or, comme il est impossible de faire entr'eux un partage égal des objets, il est plus convenable de les distribuer aux établissemens publics, de les faire servir à bonifier les domaines nationaux, ou de les vendre au plus offrant, pour en employer le produit à de nouvelles spéculations utiles au bien public. C'est sur-tout dans la distribution des produits des pépinières nationales que ce principe devroit être suivi. Pourquoi faire cultiver aux frais de l'Etat de vastes pépinières dont les arbres sont donnés, presque tous, à des hommes riches qui sont en état de les acheter des cultivateurs? C'est un tort réel qu'on fait à ceux-ci qui, non seulement paient l'impôt territorial, et ses accessoires, mais même le droit de patente, lequel doit leur assurer l'exercice entier de leur commerce. Il semble qu'ils auroient le droit de réclamer contre des éta-

aux campagnes les bras que lui enlèvent le luxe des villes, et les hasards de la guerre;

4°. Ces fermes expérimentales, placées dans les grands bassins naturels qui partagent la France, fourniront les moyens d'en étudier le climat, les propriétés; de leur approprier les modes de cultures les plus convenables, d'y placer les espèces d'animaux et de végétaux les plus propres à les fertiliser. On sent combien cette partie est essentielle aux progrès de l'agriculture française;

5°. Comme il est prouvé à tout agronome que c'est au

blissemens qui, ne payant ni location de terrains, ni impôts, leur enlèvent une partie de leurs bénéfices. Mais ils se contentent de porter leurs spéculations sur des objets qui ne leur offrent pas de concurrences aussi redoutables, ce qui n'est pas moins nuisible à cette branche d'industrie qu'aux finances de l'Etat.

Les pépinières nationales sont très-avantageuses aux progrès de l'agriculture, en général, et à ceux du jardinage, en particulier. On leur doit la multiplication et la naturalisation de plusieurs arbres étrangers utiles à l'économie rurale et à l'embellissement du sol de la République. Dirigées par des hommes aussi instruits que Bosc et Lezerme, elles peuvent devenir encore plus utiles. Mais il seroit à désirer que leur destination fût circonscrite dans de justes bornes; qu'en continuant d'embrasser toutes les cultures de ce genre, les produits en fussent répandus sur les domaines nationaux, dans les établissemens d'instruction publique, dans les *pépinières départementales et communales*, et que, s'il restoit ensuite de l'excédant en arbres étrangers qui ne se trouvent point dans le commerce, ces objets fussent vendus à ceux qui y mettroient le prix le plus élevé.

Dans cette partie de l'économie politique, les administrateurs doivent se borner à faire ce que les agriculteurs ne peuvent entreprendre. Ainsi c'est à eux à faire venir des diverses parties du monde les choses utiles aux progrès de l'économie rurale, à les multiplier abondamment, à les faire connoître aux cultivateurs, par la raison qu'ils ne peuvent désirer que ce qu'ils connoissent. Mais ensuite, ils doivent en faire jouir ceux qui y mettent un plus haut prix, parce qu'en général ils donnent des gages plus assurés de leur zèle pour la conservation et la multiplication de ces objets, que ceux qui les reçoivent *gratis*. Dès que le commerce en est approvisionné, ils ne doivent plus être considérés que sous le rapport de leur utilité pour les domaines nationaux, et ne jamais entrer en concurrence avec ceux du commerce.

défaut d'instruction, parmi les agriculteurs, qu'on doit attribuer en grande partie l'état de foiblesse dans lequel languit l'économie rurale, et qui est tel, qu'on ne retire pas du sol de la France le tiers du produit qu'il pourroit fournir chaque année, cet établissement qui, d'une part, mettra à la portée des cultivateurs les productions animales et végétales de races perfectionnées, et, de l'autre, enseignera la pratique et la théorie de la science agricole, produira nécessairement des hommes instruits qui, se répandant sur la surface de la France, y porteront l'exemple d'une culture éclairée, en même temps que les animaux et les végétaux qui en sortiront, et qu'il aura naturalisés ou perfectionnés, donneront les moyens les plus sûrs d'augmenter les produits du sol;

6°. Et enfin, cet établissement ne procurât-il, dans l'espace d'un siècle, qu'un animal, ou même un végétal utile, tels que le maïs, le tabac, la pomme de terre, s'ils n'étoient pas déjà introduits dans notre agriculture, ce n'en seroit pas moins une acquisition précieuse; il en résulteroit l'emploi de nouveaux terrains, de l'occupation pour un plus grand nombre de bras, de nouvelles sources de consommation et d'industrie qui, en augmentant le bien-être du cultivateur, activeroient les manufactures, le commerce, et bonifieroient les revenus de l'Etat (1).

Tels sont les moyens qui nous paroissent les plus propres à perfectionner l'économie rurale dans toutes ses branches, et que nous avons cru devoir proposer : si ce projet n'est qu'un

(1) Cette vérité ne peut être révoquée en doute que par ceux qui ne savent pas que la nature n'a donné à la France que le gland, la châtaigne, la poire, la pomme sauvage, et autres fruits acerbes de cette nature, dont se nourrissoient nos ancêtres; que tout ce que nous avons de bon et d'utile en agriculture, et même d'agréable en arbres et en fleurs d'ornement, est le produit de climats étrangers; que nous les devons en grande

rêve, qu'on veuille bien le ranger à côté de ceux du bon abbé de St-Pierre, et nous le pardonner en faveur du motif qui l'a dicté; nous nous en consolerons, par l'espérance qu'un homme plus habile, mais non pas plus ami de ses semblables, ni plus jaloux de l'honneur national et de la gloire de l'Etat, saura quelque jour en proposer un meilleur, et aura la satisfaction de le voir réalisé.

partie aux Phéniciens, aux Grecs, aux Carthaginois, aux Romains, aux Sarazins; que les acquisitions moins anciennes sont dues aux Croisades et aux voyageurs qui sont loin d'avoir épuisé de choses utiles les pays qu'ils ont parcourus, souvent par accident, sans connoissance, et presque toujours très-rapidement; qu'enfin, l'arbre du café, long-temps circonscrit dans l'Hiémen, cultivé dans le jardin du Muséum d'Histoire naturelle de Paris, et multiplié dans ce lieu, fut transporté dans les Antilles au commencement du siècle dernier, qu'il y devint l'objet d'une culture qui a enrichi plusieurs milliers de familles, et produisoit vingt-huit millions de revenu au gouvernement, à l'époque de 1789. Ces faits ne doivent laisser aucun doute sur les avantages d'un tel établissement.

Extrait du supplément du Cours d'Agriculture.

DE L'IMPRIMERIE DE MARCHANT, RUE DE LA HARPE, COLLÉGE D'HARCOURT.

N°. 1.

TABLEAU

DES PARTIES QUI CONSTITUENT L'ÉCONOMIE RURALE. *

CETTE SCIENCE SE DIVISE EN CINQ PARTIES PRINCIPALES,

Qui sont : 1°. l'Agriculture, 2°. l'Education des Bestiaux, 3°. les Arts Economiques, 4°. l'Architecture Rurale, 5°. le Commerce des Produits Agricoles.

PREMIERE BRANCHE. L'AGRICULTURE EMBRASSE QUATRE CLASSES DIFFERENTES*, QUI SONT :

1°. LA CULTURE DES CHAMPS, [illegible]

2°. LA CULTURE DES COTEAUX, [illegible]

3°. LA CULTURE DES FORÊTS, [illegible]

4°. LA CULTURE DES JARDINS, [illegible]

SECTIONS.	SÉRIES.	SORTES.	ESPÈCES.
1res. [illegible]	[illegible]	[illegible]	[illegible]
2e. [illegible]	[illegible]	[illegible]	[illegible]
3e. [illegible]	[illegible]	[illegible]	[illegible]
1res. GRANDS VERGERS [illegible]	[illegible]	[illegible]	[illegible]
2e. MASSIFS [illegible]	[illegible]	[illegible]	[illegible]
1res. CLOTURES.	[illegible]	[illegible]	[illegible]
2e. BORDURES [illegible]	[illegible]	[illegible]	[illegible]
3e. LISIÈRES [illegible]	[illegible]	[illegible]	[illegible]
4e. BOIS.	[illegible]	[illegible]	[illegible]
1res. POTAGERS.	[illegible]	[illegible]	[illegible]
2e. FLEURISTES.	[illegible]	[illegible]	[illegible]
3e. PÉPINIÈRES [illegible]	[illegible]	[illegible]	[illegible]
4e. JARDINS D'AGRÉMENT.	[illegible]	[illegible]	[illegible]
4e. JARDINS [illegible]	[illegible]	[illegible]	[illegible]
5e. JARDINS DE BOTANIQUE.	[illegible]	[illegible]	[illegible]

DEUXIÈME BRANCHE.

L'ÉDUCATION DES BESTIAUX ET AUTRES ANIMAUX UTILES. [illegible]

CLASSES.	GENRES.	ESPÈCES, ET VARIÉTÉS.	HISTOIRE.	ANIMAUX [illegible]
[illegible]	[illegible]	[illegible]	[illegible]	[illegible]

TROISIÈME BRANCHE.

LES ARTS ÉCONOMIQUES. [illegible]

CLASSES.	SECTIONS.	GENRES.	SORTES.	ESPÈCES.	DESCRIPTIONS, ET USAGES.
[illegible]	[illegible]	[illegible]	[illegible]	[illegible]	[illegible]

QUATRIÈME BRANCHE.

L'ARCHITECTURE RURALE, RELATIVE :

CLASSES.	SECTIONS.	GENRES.	SORTES.	DESCRIPTIONS, ET USAGES.	CLASSES.	SECTIONS.	GENRES.	SORTES.	DESCRIPTIONS, ET USAGES.
[illegible]	[illegible]	[illegible]	[illegible]	[illegible]	[illegible]	[illegible]	[illegible]	[illegible]	[illegible]

CINQUIÈME BRANCHE.

LE COMMERCE DES PRODUITS AGRICOLES, [illegible]

CLASSES.	SÉRIES.	GENRES.	DESCRIPTIONS, ET USAGES.
[illegible]	[illegible]	[illegible]	[illegible]

[illegible]

N°. 2.

TABLEAU

DES CONNOISSANCES THÉORIQUES, UTILES AUX PROGRÈS DE L'AGRICULTURE.

LES CONNOISSANCES THÉORIQUES COMPRENNENT L'ETUDE

1°. DE L'HISTOIRE DE L'AGRICULTURE, dans

- LE PREMIER AGE DU MONDE. — Depuis l'organisation des peuples, qui a suivi la dernière révolution du globe, jusqu'au temps de la civilisation des Grecs.
- L'ANTIQUITÉ. — Depuis les Grecs, jusqu'à la destruction de l'Empire Romain.
- LES TEMPS ANCIENS. — Depuis les Romains, jusques et compris le quinzième siècle.
- LES TEMPS MODERNES. — Depuis le quinzième jusques et compris le dix-huitième siècle.
- LES TEMPS PRÉSENS. — EN ASIE. EN AFRIQUE. EN AMÉRIQUE. EN EUROPE.
  - Cette étude doit porter principalement, 1°. Sur l'étendue des terres cultivées, relativement à la population; 2°. Sur la nature des espèces et le nombre des espèces soumises à la culture, et amenées à l'état de domesticité; 3°. Sur les procédés de culture; 4°. Sur le perfectionnement des outils, des [illegible]; 5°. Sur le nombre et la nature des fabriques employées à l'exploitation de l'agriculture; 6°. Et enfin sur le nombre des animaux domestiques, et l'état de leur éducation dans leur économie rurale.

2°. DE LA PARTIE DE L'ÉCONOMIE POLITIQUE, qui traite

- DES SYSTÈMES DE GOUVERNEMENT — DESPOTIQUE. MONARCHIQUE. ARISTOCRATIQUE. RÉPUBLICAIN. — Sur les peuples [illegible] — Pasteurs. Manufacturiers. Agricoles.
  - [illegible]
- DES CULTES. — SOUS LES RAPPORTS AGRICOLES.
  - [illegible]
- DES CODES RURAUX.
  - [illegible]

3°. DE LA GÉOGRAPHIE.

LIMITES QUI CIRCONSCRIVENT CES ZONES, CES CLIMATS, ET CES BASSINS.

- DU GLOBE, relativement aux cinq grandes ZONES qui le partagent, et qui sont les:
  - GLACIALE. — [illegible]
  - FROIDE. — [illegible]
  - TEMPÉRÉE. — [illegible]
  - CHAUDE. — [illegible]
  - BRULANTE. — [illegible]
- DES QUATRE CLIMATS DE LA RÉPUBLIQUE.
  - DE L'ORANGER. — [illegible]
  - DE L'OLIVIER. — [illegible]
  - DE LA VIGNE. — [illegible]
  - DU POMMIER. — [illegible]
- DES quatorze BASSINS de la FRANCE.
  - LES GRANDS SONT CEUX: Du Rhône. De la Seine. De la Loire. De la Garonne. Du Rhin. De la Meuse. De l'Escaut.
  - LES PETITS SONT CEUX: D'Hyères. De Narbonne. De l'Adour. Des Landes de Bordeaux. De la Charente. De [illegible]. De la Somme.
  - [illegible]

4°. DES AGENS ET DES STIMULANS DE LA VÉGÉTATION.

- LES AGENS sont:
  - 1°. LA TERRE, qui est composée de quatre substances principales, les quelles sont: La Silice. L'Alumine. La matière calcaire. L'humus.
    - [illegible]
  - 2°. L'EAU. — Fluide: Distillée. De la Rosée. Des Pluies. — Solide: La Neige. La Grêle. La Glace.
  - 3°. L'AIR. — Vital: L'oxigène. — Méphitique: L'azote. L'acide carbonique.
  - 4°. LES GAZ. — Azote. Oxigène. Acide carbonique. Hydrogène. Acide muriatique. — oxigéné. — [illegible]
  - 5°. LA LUMIÈRE. — Négative: L'obscurité. Naturelle: du Soleil. Artificielle: des combustibles.
  - 6°. LE CALORIQUE. — Négatif: Le froid. Positif: La chaleur.
  - [illegible]
- LES STIMULANS DE LA VÉGÉTATION, sont:
  - 1°. L'ÉLECTRICITÉ. — En plus. En moins.
  - 2°. LE MAGNÉTISME. 3°. LE SOUFRE. 4°. LE PHOSPHORE. 5°. L'AMMONIAC. 6°. L'OPIUM.
  - [illegible]

5°. DE LA PHYSIOLOGIE VÉGÉTALE, qui considère les plantes dans leur

- PARTIES SOLIDES INTERNES.
  - DE LA TIGE. — L'épiderme des tiges. Les lames corticales. Le liber. L'aubier. Les couches ligneuses. Le bois. Le canal médullaire. La moelle. — composés de: Fibres ligneuses. Trachées. Vaisseaux [illegible]. Vaisseaux propres. [illegible]. Tissu cellulaire.
  - DES ORGANES DE LA FRUCTIFICATION, qui sont:
    - Le calice — Sa forme, ses divisions, etc.
    - Le réceptacle — [illegible]
    - La corolle — [illegible]
    - Les étamines — Filets, anthères, pollen, etc.
    - Le pistil — Ovaire, style, stigmate, etc.
    - Les fruits à péricarpes — Secs, les: Capsules. Follicules. Gousses. Siliques. Silicules. Cônes. Noix, etc. — Charnus, les: Baies. Drupes. Pommes.
    - Les semences, qui se composent — De la Robe, arille. De l'Ombilic. Du Germe. Des Lobes ou Cotylédons. De la Plumule. De la Radicule. De l'Albumen.
  - [illegible]
- LEURS FONCTIONS VITALES.
  - L'ACCROISSEMENT. L'ABSORPTION. LA TRANSPIRATION. LE MOUVEMENT de sa sève. LES SÉCRÉTIONS. LE SOMMEIL. L'ÉPANOUISSEMENT. L'IRRITABILITÉ. — [illegible]
  - [illegible]
- LEURS MALADIES.
  - PRODUITES par des causes externes. — [illegible]
  - DUES à des causes internes. — [illegible]
  - [illegible]
- PARTIES FLUIDES.
  - Les Gaz — Azote. Oxigène. Acide carbonique. Hydrogène.
  - Les Acides — Gallique. Benzoïque. Malique. Oxalique, etc.
  - L'Air — Atmosphérique combiné avec des gaz, des acides, etc.
  - L'Eau — [illegible]
  - Les Sucs propres, qui forment les — Huiles volatiles. Gommes. Résines. Gommes-résines. Sels: Le Sucre. Le Nitre.
  - [illegible]
- LEURS MOYENS DE MULTIPLICATION, par les
  - PIEDS. — Naturels.
  - GRAINES. — Naturels. Artificiels.
  - MARCOTTES. — [illegible]
  - BOUTURES. — [illegible]
  - GREFFES. — [illegible]
  - [illegible]

6°. DE LA NATURE DES VÉGÉTAUX, considérée dans

- LEUR DURÉE.
  - [illegible] — Printanière. Automnale.
  - TRIMESTRE — Printanière. Estivale. Automnale.
  - SEMESTRE — Premier de l'année. Deuxième de l'année.
  - ANNUELLE.
  - BISANNUELLE.
  - VIVACE.
  - [illegible]
- LEUR CONSISTANCE.
  - HERBACÉE, à racines
    - Fibreuses — Nues. Chevelues.
    - Bulbeuses — A écailles. A tuniques.
    - Tubéreuses — Arrondies. En griffes. En pattes.
    - Grumeleuses.
    - Ligneuses — Traçantes. Pivotantes.
    - [illegible]
  - LIGNEUSE.

		Hauteur approximative.		Hauteur moyenne.
Arbustes	de	1 pouce à	1 pied.	½ pied
Sous-Arbrisseaux	de	1 pied à	5	3
Arbrisseaux	de	5 à	15	10
Arbres petits	de	15 à	30	25
Arbres moyens	de	30 à	60	45
Arbres grands	de	60 à	100	90

[illegible]

7°. DES FACULTÉS QU'ONT LES VÉGÉTAUX DE CROITRE

- DANS LES FLUIDES.
  - L'AIR DES RÉGIONS — Inférieures. Moyennes. Supérieures. Dans l'air seul. — [illegible]
  - LES EAUX — Douces. Salées. Gazeuses. Minérales. — [illegible]
  - [illegible]
- SUR LES CORPS SOLIDES.
  - INORGANIQUES
    - Les Pierres — [illegible]
    - Les Terres — Composant les sols. — [illegible]
    - Sous Terre — [illegible] — Les Truffes, Tuber cibarium, Bull. Les Mousses, des Byssus.
    - [illegible]
  - ORGANIQUES
    - Des Animaux — Vivans. En décomposition. — [illegible]
    - Des Végétaux — Vivans sur les: Racines. Tiges. Branches. Rameaux. Feuilles. Fruits. — En décomposition. — [illegible]
    - [illegible]

8°. DE LA BOTANIQUE, qui réunit celles

- DES PARTIES EXTÉRIEURES DES VÉGÉTAUX, qui se divisent en
  - DESCENDANTES — Les Racines — Annuelles. Vivaces. Leur chevelu et ses suçoirs. Du troisième, Du deuxième, Du premier ordre. Le caudex. Le collet.
  - ASCENDANTES — Persistantes. Les — Hampes. Tiges. Troncs. Branches. Rameaux. Ramilles. — Caduques. Les — Poils. Glandes. Epines. Aiguillons. Stipules. Feuilles. Gemma. Écailles. Bractées. Pédoncules. Fleurs. Nectaires. Fruits. Semences.
- DES MÉTHODES DE BOTANIQUE.
  - FONDÉES SUR UNE OU PLUSIEURS PARTIES DES VÉGÉTAUX. — Les systèmes — [illegible]
  - ÉTABLIES SUR L'ENSEMBLE DES PARTIES DES PLANTES. — Les familles naturelles — [illegible]
- DE LA NOMENCLATURE DES VÉGÉTAUX.
  - ÉTRANGÈRE. — Triviale, ou patoise. Linnéenne.
  - FRANÇAISE. — Vulgaire. Systématique.
  - [illegible]

9°. DES PRINCIPES GÉNÉRAUX.

- 1°. D'AGRICULTURE, relatifs
  - 1°. A L'EMPLOI DES AGENS DE LA VÉGÉTATION, tels que — L'air. L'eau. La lumière. La terre. La chaleur. Les gaz.
  - 2°. A LA MULTIPLICATION DES PLANTES, par — Les semences. Les cayeux. Les drageons. Les œilletons. Les racines. Les traînées. Les marcottes. Les greffes. Les éclats. Les boutures.
  - 3°. AUX PLANTATIONS DES VÉGÉTAUX — Annuels. Bisannuels. Vivaces herbacés. Ligneux.
  - 4°. AUX TRAVAUX DE CULTURE, qui sont: — Les défonçages. Les labours. Les binages. Les hersages. Le roulage. Le sarclage.
  - 5°. A LA TAILLE DES ARBRES, qui comprend — Celle des arbres fruitiers. L'ébourgeonnage. Le pincage. L'élagage. L'émondage. Les tontures.
  - 6°. AUX RÉCOLTES, telles que celles — De graines céréales. De semences farineuses. De fruits. De légumes. De racines. De fourrages.
  - 7°. A LA NATURALISATION DES PLANTES DES ZONES — Glaciale. Froide. Tempérée. Chaude. Brûlante.
  - [illegible]
- 2°. D'ÉDUCATION DES BESTIAUX.
- 3°. DES ARTS ÉCONOMIQUES.
- 4°. D'ARCHITECTURE RURALE.
- 5°. DU COMMERCE DES PRODUITS AGRICOLES.
- [illegible]

De l'Imprimerie de MARCHANT, [illegible]

TABLEAU

DES CONNOISSANCES PRATIQUES, UTILES AUX PROGRÈS DE L'AGRICULTURE.

PREMIERE DIVISION. OBJETS SERVANT A LA CULTURE.

NOTA. L'étude des Outils, Instrumens, Ustensiles, Machines et Fabriques, comprend celle des formes, des dimensions et des substances dont ils sont formés, pour qu'ils réunissent la solidité, l'économie de leur acquisition, en même temps que la commodité du travail, sa sûreté, sa prompte et bonne exécution; mais ensuite l'étude de leurs différens usages et la manière de s'en servir avec habileté, ne sont pas moins essentielles à connoître. La pratique seule peut donner ce dernier genre de connoissance.

SOUS-DIVISIONS.	SECTIONS.	GENRES.	SORTES.	SOUS-DIVISIONS.	SECTIONS.	GENRES.	SORTES.	SOUS-DIVISIONS.	SECTIONS.	GENRES.	SORTES.	SOUS-DIVISIONS.	SECTIONS.	GENRES.	SORTES.	SOUS-DIVISIONS.	SECTIONS.	GENRES.	SORTES.
OUTILS.	1°. DE DÉFONÇAGE DE TERRAINS. 2°. DE PLANTATION. 3°. DE CULTURE. 4°. D'ENTRETIEN ET DE PROPRETÉ.	Pics. Pioches. Hoyaux. Tournées. Pelles. Rêteaux. Bêches. Houes. Binettes. Serfouettes. Fourches. Crocs. Arrosoirs. Râteaux. Balais. Brouettes.		INSTRUMENS. USTENSILES.	1°. DE COUPE, TAILLAGE, pour les opérations. 2°. DE PALISSADEMENT, propres à la culture des arbres. 3°. DE PURIFICATION, utiles aux récoltes de grains et de fourrages. 4°. DE PRÉPARATION pour les Cultures. 5°. DE CONSERVATION des Plantes.	Couteaux. Serpettes. Échenilloirs. Greffoirs. Scies. Sécateurs. Cisailles. Sarcloirs. Cordeaux. Claies. Cribles. Vans. Tamis. Pots. Vases. Terrines. Caisses. Paniers. Cloches. Chassis.		OUTILS ET USTENSILES. MACHINES.	5°. DE CONSERVATION des produits. 6°. DE MULTIPLICATION. 5°. DE CULTURE. 6°. DE RÉCOLTE. 7°. DE PRÉPARATION des produits. 8°. DE TRANSPORT de végétaux. 1°. A BRAS. 2°. A BRAS, ET ANIMAUX. 3°. DE CHEVAUX. 4°. DE PHYSIQUE.	Civières. Sacs. Paniers. Charrettes. Herses. Rouleaux. Charrues. Tombereaux. Thermomètres. Hygromètres.		FABRIQUES. SUBSTANCES.	1°. EN BOIS. 2°. EN MAÇONNERIE. 1°. MINÉRALES.	Caisses. Hangars. Treillages. Serres. Châssis. Cabanes. Bâches. Couvertures. Pierres. Sables. Argiles. Marnes. Chaux. Terres.		SUITE DES SUBSTANCES.	2°. ANIMALES. 3°. VÉGÉTALES.	Fumiers. Terreaux. Cendres. Terres composées.	

2e. DIVon. TRAVAUX DE CULTURE.

DÉFONÇAGES. — A la charrue ordinaire. A celle à trois coutres. A la bêche. Au hoyau. A la tranchée. Au pic.

LES LABOURS. — Avec la bêche. Avec les charrues de différentes sortes. A la houe. A la fourche. A la binette.

SEMIS. — Préparation des semences. Choix des terres propres. Époques de leur confection. Manière de les opérer. Semis. Herbages. Fourrages. Cultures.

BINAGES. BUTAGES. SARCLAGES. — Leur utilité. Manière de les exécuter. Époques où ils sont convenables aux cultures.

ARROSEMENS. — A main d'homme. A l'arrosoir. A l'écope. Au tonneau.

3e. DIVISION. OPÉRATIONS DE CULTURE.

DES PLANTATIONS. — DE JEUNES PLANTS. DE JEUNES ARBRES. DES ARBRISSEAUX. DES ARBUSTES. DES ARBRES. DES BOUTURES. DES HERBACÉES. DES SEMENCES. DES BULBES. DES RACINES. DES PLANTES GRASSES.

DES MARCOTTAGES. — Simples, ou bourgeons. En provins ou provignage. Par incision. Avec ligature. Par anneau cortical. En l'air, dans des vases.

DES GREFFES. — PAR APPROCHE. EN FENTE. EN COURONNE. PAR GEMMATION. EN ÉCUSSON.

DES BOUTURES.

DE LA TAILLE DES ARBRES. — D'ALIGNEMENT. DE LA TAILLE. DES VERGERS. De jardin. OPÉRATIONS de la taille. DE LA VIGNE.

DES RÉCOLTES. — De semences. De fruits. De graines. DE PLANTES. Médicinales. Économiques. DE FRUITS D'ARBRES. De treille. De fruitiers. De lignes, ou ...

PRATIQUE DES DIVERSES CULTURES.

La pratique des différentes cultures se compose de travaux, d'opérations, de procédés et de secrets propres à conserver, cultiver et multiplier les végétaux. Elle se divise en presque autant de sortes qu'il existe de manières de ... plantes différentes. Cependant on peut la généraliser en séries, telles que celles qui réunissent les groupes des végétaux présentés dans le premier de ces Tableaux. Nous ne les détaillerons point ici pour ne pas faire de répétitions. Nous observerons seulement, que la pratique de l'Agriculture, dans toutes ses parties, constitue l'art de chacune des neuf sortes de cultivateurs qui se partagent l'exécution des quatre grandes classes de cette science.

Ils sont connus sous les noms de

LABOUREURS.	PÉPINIÉRISTES.	FLEURISTES.
VIGNERONS.	MARAÎCHERS, OU JARDINIERS.	JARDINIERS DÉCORATEURS.
FORESTIERS.	[illegible]	ET JARDINIERS BOTANISTES.

4e. DIVISION. MÉTÉOROLOGIE AGRICOLE, comprenant l'Étude,

DES SAISONS; leur — Succession. Durée. Degré de froid, ... de chaleur, ... d'humidité, ... de sécheresse.

DES VENTS. — Constans. Variables.

LES MÉTÉORES. — Les orages. La grêle. La neige. L'électricité.

DES PRONOSTICS, tirés de l'observation. — Des végétaux. Des animaux. Des instrumens de physique.

NOTA. La Météorologie Agricole ... COURS COMPLET D'AGRICULTURE ... M. COTTE ...

www.ingramcontent.com/pod-product-compliance
Lightning Source LLC
Chambersburg PA
CBHW050515210326
41520CB00012B/2323